普通高等教育"十一五"国家级规划教材

2 1 世 纪 计 算 机 科 学 与 技 术 实 践 型 教 程

丛书主编 陈明

C++面向对象程序设计教程

游洪跃 伍良富 王景熙 李培宇 主编
彭骏 谭斌 副主编
向孟光 谢汶 主审

清华大学出版社
北京

内 容 简 介

全书共分为8章。阐述了C++的特点和开发过程;面向对象程序设计技术、类的定义、对象的创建及访问,友元与静态成员等基本内容;模板编程方法,运算符重载;C++的继承机制及虚基类,多态性,输入输出流,C++中的其他主题。

本书可作为高等院校计算机及相关专业"C++面向对象程序设计"课程的教材,也可供其他从事软件开发工作的读者参考使用。同时,也适合初学程序设计或有一定编程实践基础、希望突破编程难点的读者作为自学教材。通过本书的学习,读者能迅速提高C++面向对象程序设计的能力。

本书取材新颖,内容丰富,可读性强。本书充分考虑了读者对书中部分内容的心理适应性,对于一些容易让读者产生畏惧心理的内容作了适当的处理。本书所有程序都在 Visual C++ 6.0、Visual C++ 2005、Visual C++ 2005 Express、Dev-C++ 和 MinGW Developer Studio 开发环境中进行了严格的测试,在作者教学网站上提供了大量的教学支持内容。

图书在版编目(CIP)数据

C++ 面向对象程序设计教程/游洪跃等主编. —北京:清华大学出版社,2010.3(2024.8重印)
(21 世纪计算机科学与技术实践型教程)
ISBN 978-7-302-22058-9

Ⅰ. ①C… Ⅱ. ①游… Ⅲ. ①C语言—程序设计—高等学校—教材 Ⅳ. ①TP312

中国版本图书馆 CIP 数据核字(2010)第 022785 号

责任编辑:汪汉友
封面设计:傅瑞学
责任校对:李建庄
责任印制:沈 露

出版发行:清华大学出版社
    网   址:https://www.tup.com.cn, https://www.wqxuetang.com
    地   址:北京清华大学学研大厦 A 座   邮   编:100084
    社 总 机:010-83470000   邮   购:010-62786544
    投稿与读者服务:010-62776969,c-service@tup.tsinghua.edu.cn
    质量反馈:010-62772015,zhiliang@tup.tsinghua.edu.cn
    课件下载:https://www.tup.com.cn,010-83470236
印 装 者:三河市君旺印务有限公司
经 销:全国新华书店
开 本:185mm×260mm   印 张:18   字 数:443 千字
版 次:2010 年 3 月第 1 版   印 次:2024 年 8 月第 12 次印刷
定 价:54.50 元

产品编号:035861-04

《21世纪计算机科学与技术实践型教程》

序

21世纪影响世界的三大关键技术：以计算机和网络为代表的信息技术；以基因工程为代表的生命科学和生物技术；以纳米技术为代表的新型材料技术。信息技术居三大关键技术之首。国民经济的发展采取信息化带动现代化的方针，要求在所有领域中迅速推广信息技术，导致需要大量的计算机科学与技术领域的优秀人才。

计算机科学与技术的广泛应用是计算机学科发展的原动力，计算机科学是一门应用科学。因此，计算机学科的优秀人才不仅应具有坚实的科学理论基础，而且更重要的是能将理论与实践相结合，并具有解决实际问题的能力。培养计算机科学与技术的优秀人才是社会的需要、国民经济发展的需要。

制定科学的教学计划对于培养计算机科学与技术人才十分重要，而教材的选择是实施教学计划的一个重要组成部分，《21世纪计算机科学与技术实践型教程》主要考虑了下述两方面。

一方面，高等学校的计算机科学与技术专业的学生，在学习了基本的必修课和部分选修课程之后，立刻进行计算机应用系统的软件和硬件开发与应用尚存在一些困难，而《21世纪计算机科学与技术实践型教程》就是为了填补这部分空白。将理论与实际联系起来，使学生不仅学会了计算机科学理论，而且也学会应用这些理论解决实际问题。

另一方面，计算机科学与技术专业的课程内容需要经过实践练习，才能深刻理解和掌握。因此，本套教材增强了实践性、应用性和可理解性，并在体例上做了改进——使用案例说明。

实践型教学占有重要的位置，不仅体现了理论和实践紧密结合的学科特征，而且对于提高学生的综合素质，培养学生的创新精神与实践能力有特殊的作用。因此，研究和撰写实践型教材是必需的，也是十分重要的任务。优秀的教材是保证高水平教学的重要因素，选择水平高、内容新、实践性强的教材可以促进课堂教学质量的快速提升。在教学中，应用实践型教材可以增强学生的认知能力、创新能力、实践能力以及团队协作和交流表达能力。

实践型教材应由教学经验丰富、实际应用经验丰富的教师撰写。此系列教材的作者不但从事多年的计算机教学，而且参加并完成了多项计算机类的科研项目，他们把积累的经验、知识、智慧、素质融合于教材中，奉献给计算机科学与技术的教学。

我们在组织本系列教材过程中，虽然经过了详细的思考和讨论，但毕竟是初步的尝试，不完善甚至缺陷不可避免，敬请读者指正。

本系列教材主编　陈明

2005年1月于北京

前　　言

作者使用过数本 C++ 面向对象程序设计的教材,发现不少问题,C++ 教学的普遍结果是,学生学完了 C++ ,但却不会使用目前流行的 C++ 开发工具编写程序。而且不少教材都存在错误。例如某 C++ 语言经典教材在关于打开文件的代码中出现了类似如下的代码:

```
ofstream outFile;                            // 定义文件变量
if (outFile.open("test.txt", ios::app))      // 以追加方式打开文件
{   // 打开文件失败
    cout <<"打开文件失败!" <<endl;
    exit(1);                                 // 退出程序
}
```

上面代码完全不能通过编译,原因是文件流类的成员函数 open() 返回值类型为 void,出现这些错误的原因是作者想当然按照 C 语言类似函数 fopen() 编写代码,没有上机测试所写代码,至使学生看完书后还不能上机编程或上机编程非常困难,实际上只要上机运行很容易就能发现类似的错误及错误的原因,可按如下方式进行修改:

```
ofstream outFile;                            // 定义文件变量
outFile.open("test.txt", ios::app);          // 以追加方式打开文件
if (outFile.fail())
{   // 打开文件失败
    cout <<"打开文件失败!" <<endl;
    exit(1);                                 // 退出程序
}
```

书籍中存在错误是在所难免的,但是这种潜在错误对读者的影响是难以估量的。由于这类教材的读者面太大,读者很难有机会发现这种错误,并会一直延续这种错误的观念,这类问题在一些教材中存在了十多年,甚至最近的最新版也依然存在。

传统的 C++ 教学都过于注重解释 C++ 语言本身,而忽视了其在具体环境中的使用指导,例如对于如下的类声明及相关代码:

```
#include <iostream>                          // 编译预处理命令
using namespace std;                         // 使用命名空间 std

// 声明复数数
class Complex
{
private:
// 数据成员
    double real;                             // 实部
    double image;                            // 虚部
```

```
public:
// 公有函数
    Complex(double r = 0, double i = 0): real(r), image(i){}        // 构造函数
    friend Complex operator+ (const Complex &z1, const Complex &z2)  // 复数加法
    { return Complex(z1.real+z2.real, z1.image+z2.image); }
    ...
};
```

上面的类声明及相关代码在 Visual C++ 2005、Visual C++ 2005 Express、Dev-C++ 4. 9.9.2 和 MinGW Developer Studio 2.05 都能正常通过运行,但在 Visual C++ 6.0 SP6 下会出现编译时错误,是 Visual C++ 6.0 的一个 Bug,在 Visual C++ 6.0 中可将:

```
#include <iostream>              // 编译预处理命令
using namespace std;            // 使用命名空间 std
```

改为:

```
#include <iostream.h>           // 编译预处理命令
#include <stdlib.h>             // 包含 system()的声明
```

这时才可正常运行,又比如对于输入运算符"＞＞"和输出运算符"＜＜"重载为类的友元函数时,采用标准头文件 iostrteam,在 Visual C++ 6.0 SP6、Visual C++ 2005、Visual C++ 2005 Express、Dev-C++ 4.9.9.2 和 MinGW Developer Studio 2.05 中都不能通过编译,只能在 Visual C++ 6.0 中采用传统的头文件 iostream.h 才能通过编译。但将输入运算符"＞＞"和输出运算符"＜＜"重载为普通函数时无任何编译问题。

可惜的是,作者还没有发现哪本教材对上面类似的具体编程环境进行详细指导,这类教材无形中大大增加了学生应用 C++ 的难度。

本书作者经过十多年教学及查阅大量参考资料后编写了本书,全书共分为 8 章。第 1 章阐述 C++ 的主要特点及 C++ 程序开发过程,还详细介绍了 C++ 在非面向对象方面的常用新特性。第 2 章介绍了面向对象程序设计技术,C++ 类的定义、对象的创建以及对象成员的访问,友元与静态成员等基本内容。第 3 章介绍了模板编程方法,并对模板容易出现的编程问题进行详细的讨论。第 4 章介绍了运算符重载,重点对不同 C++ 编译器使用运算符重载时的兼容性问题进行具体指导。第 5 章着重介绍了 C++ 的继承机制及虚基类。第 6 章介绍了多态性,重点介绍了虚函数和抽象类。第 7 章介绍了输入输出流,重点讨论标准输入输出流类、文件操作与文件流类。第 8 章对 C++ 中的其他主题进行了深入阐述,这些主题都是难点,但都不是重点。如果这些内容在前面的章节中加以讨论,对于学生就会因难度过大而较难进入面向对象的思维模式,当学生已具备面向对象的思维习惯以后,再来介绍这些典型问题应该比较合适。

对于初学者,考试时往往会感到茫然而不知所措,因此本书习题包括了选择题、填空题和编译题。这些题目选自于考试题,可供学生期末复习,也可供教师编写试题时参考,对教师还提供了习题参考答案。

本书在部分章节中还提供了实例研究,主要提供给那些精力充沛的学生深入学习与研究,这些实例包括对正文内容的应用(例如第 6.4 节中栈的实现实际上就是抽象类的一个典

型应用,第 7.5 节中的简单工资管理系统就是文件操作的应用)、读者深入学习时可能会遇到的算法(例如第 3.4 节中的快速排序)以及应用所学知识解决实际问题(例如第 7.5 节中的简单工资管理系统就是文件操作实现简单信息管理系统),通过读者对实例研究的学习,可提高实际应用 C++ 面向对象程序设计的能力,当然有一定的难度,但应比读者的想象更易学习与掌握。

为了尽快提高读者的实际编程能力,本书各章提供了程序陷阱,包含了在实际编程时容易出现的问题,也包括了正文内容的深入讨论,还包括了对 C++ 编译环境中存在的兼容性问题进行了实用而具体的指导,这部分内容不管对初学者还是长期编程的人都很有用。

现在谈谈有关 C++ 编译器的问题,在 C++ 之外的任何编程语言中,编译器都没有受到过如此的重视。这是因为 C++ 是一门非常复杂的语言,以至于编译器也难于构造,我们常用的编译器都不能完全符合 C++ 标准,如下介绍一些常用的优秀 C++ 编译器。

(1) Visual C++ 编译器。由微软开发,现在主要流行 Visual C++ 6.0、Visual C++ 2005 以及 Visual C++ 2005 Express,特点是集成开发环境用户界面友好,信息提示准确,调试方便,对模板支持最完善;Visual C++ 6.0 对硬件环境要求低,现在安装的计算机最多,但对标准 C++ 兼容只有 83.43%,Visual C++ 2005 与 Visual C++ 2005 Express 在软件提示信息上做了进一步的优化与改进,并且对标准 C++ 兼容达到了 98% 以上的程度,但对硬件的要求较高;还有 Visual C++ 2005 Express 是一种轻量级的 Visual C++ 软件,对于编程爱好者、学生和初学者来说是很好的编程工具。微软在 2006 年 4 月 22 日正式宣布 Visual Studio 2005 Express 版永久免费。

(2) GCC 编译器。著名的开源 C++ 编译器。是类 UNIX 操作系统(例如 Linux)下编写 C++ 程序的首选,有非常好的可移植性,可以在非常广泛的平台上使用,也是编写跨平台、嵌入式程序很好的选择。GCC 3.3 与标准 C++ 兼容能够达到 96.15%。现已有一些移植在 Windows 环境下使用 GCC 编译器的 IDE(集成开发环境),例如 Dev-C++ 与 MinGW Developer Studio,其中 Dev-C++ 是能够让 GCC 在 Windows 下运行的集成开发环境,提供了与专业 IDE 相媲美的语法高亮、代码提示和调试等功能;MinGW Developer Studio 是跨平台下的 GCC 集成开发环境,目前支持 Windows、Linux 和 FreeBSD;根据作者的实际使用,感觉使用 GCC 编译器的 IDE 错误信息提示的智能较低,错误提示不太准确,还有就是对模板支持较差,但对语法检查较严格,在 Visual C++ 编译器中编译通过的程序可能在 GCC 编译器的 IDE 还会显示有错误信息。

本书所有算法都同时在 Visual C++ 6.0、Visual C++ 2005、Visual C++ 2005 Express、Dev-C++ 和 MinGW Developer Studio 中通过测试。读者可根据实际情况选择适当的编译器,建议选择 Visual C++ 6.0。

教师可采取多种方式来使用本书作为讲授 C++ 面向程序设计,应该根据学生的背景知识以及课程的学时数来进行内容的取舍。为满足不同层次的教学需求,本教材使用了分层的思想,分层方法如下:没有加星号"*"及双星号"**"的部分是基本内容,适合所有读者学习;加有星号"*"的部分适合计算机专业的读者作为深入学习的选学部分;加有双星号"**"的部分适合于感兴趣的读者研究。

作者为本书提供了全面的教学支持,如果在教学或学习过程中发现与本书有关的任何问题都可以与作者联系:youhongyue168@gmail.com,作者将尽力满足各位的要求,并可能将解答公布在作者的教学网站 http://teachhelp. changeip. net:9988/或 http://teachhelp. 3322. org:9988/上。在教学网站上将提供如下内容。

（1）提供书中所有例题在 Visual C++ 6.0、Visual C++ 2005、Visual C++ 2005 Express、Dev-C++ 和 MinGW Developer Studio 开发环境中的测试程序，今后还会提供当时流行的 C++ 开发环境的测试程序，还提供本书作者开发的软件包。

（2）提供教学用 PowerPoint 幻灯片 PPT 课件。

（3）向教师提供所有习题参考答案，对学生来讲，将在每学期期末（第 15 周～第 20 周）公布解压密码。

（4）提供高级语言程序设计问答专栏。

（5）提供至少 6 套 C++ 面向对象程序设计模拟试题及其解答，以供学生期末复习，也可供教师出考题时参考。

（6）提供 C++ 面向对象程序设计相关的其他资料（例如 Dev-C++ 与 MinGW Developer Studio 软件、流行免费 C++ 编译器的下载网址）。

希望各位读者能够抽出宝贵的时间，将对本教材的建议或意见寄给作者，你的意见将是我们再版修订教材的重要参考。

何凯霖、姜琳、聂清彬、黄维、游倩、邹昌文、王文昌、周焯华、胡开文、沈洁、周德华、欧阳、文涛、文芝明和文波等人对本书做了大量的工作，包括编写部分章节，提供资料，调试算法，参与了部分内容的编写，在此特向他们表示感谢；作者还要感谢为本书提供直接或间接帮助的每一位朋友，由于你们热情的帮助或鼓励激发了作者写好本书的信心和写作热情。

本书的出版要感谢清华大学出版社编辑，由于他们为本书的出版倾注了大量热情，也由于他们具有前瞻性的眼光才让读者有机会看到本书。

尽管作者有良好而负责任的严格态度，并尽了最大努力，但由于作者水平有限，书中难免有不妥之处，因此，敬请各位读者不吝赐教，以便作者有一个提高的机会，并在再版时尽力采用你们的意见，尽快提高本书的质量。

作　者

2010 年 2 月

目　　录

第1章 C++程序设计基础

1.1 C++的发展和主要特点

1.1.1 C++的发展

C++程序设计语言是由来自 AT&T Bell Laboratories 的 Bjarne Stroustrup 设计和实现的,C++最初的版本称作"带类的 C",在 1980 年第一次投入使用;支持面向对象程序设计的语言特性在 1983 年被加入到 C++中;从此之后,面向对象设计方法和面向对象程序设计技术逐渐进入了 C++领域。在 1987 年至 1989 年,模板程序设计技术加进了 C++。

随着 C++实现产品的出现和广泛应用,正式的 C++标准化工作在 1990 年启动。标准化工作由 ANSI(American National Standard Institute,美国国家标准化组织)以及后来加入的 ISO(International Standards Organization,国际标准化组织)负责。1998 年正式发布了 C++语言的国际标准。

1.1.2 C++的特点

1. 一个更好的 C

C++兼容 C,因此 C 程序在 C++环境下也可运行,会 C 的程序员,可在 C 的基础上逐步加入 C++的新特性,这样学起来更容易,对于要解决实际问题的程序员而言,使用 C++比使用 C 进行程序设计更有乐趣。

2. 支持面向对象程序设计

C++通过类实现了封装性、承继性和多态性面向对象程序设计技术,使 C++支持面向对象程序设计。

3. 支持范型程序设计

对范型程序设计的支持在 C++的后期才作为一个明确、独立的目标来实现。在 C++中,通过模板简单而实用地实现了范型程序设计技术。

1.2 第一个 C++程序以及 C++程序开发过程

1.2.1 第一个 C++程序

C++程序的结构严谨,下面介绍十分著名的"Hello,World!"程序,此程序一般用作介绍各种语言的第一个程序,其功能是在屏幕上输出字符串"Hello,World!"。

例 1.1 在屏幕上输出"Hello,World!"。

```
//文件路径名:e1_1\main.cpp
#include<iostream>                    //编译预处理命令
using namespace std;                  //使用命名空间 std
```

```
int main()                           //主函数 main()
{
    cout<<"Hello, World!"<<endl;   //用 C++的方法输出一行

    system("PAUSE");                 //调用库函数 system(),输出系统提示信息
    return 0;                        //返回值 0, 返回操作系统
}
```

程序运行时屏幕输出如下：

```
Hello, World!
请按任意键继续...
```

为了使读者更好地理解，下面详细地剖析上面的程序。

1. 注释

上面程序的第一行如下：

```
//文件路径名:e1_1\main.cpp
```

这一行不是程序代码，它只是注释，告诉读者程序的文件路径名，位于"//"后面的文本都是注释。读者应养成给程序添加注释的习惯，在 C++ 程序中，可以使用 C 语言中"/*……*/"形式的注释，还可以使用以"//"开头的注释。

注意：以"//"开头的注释可以不单独占一行，可以出现在一行中的语句之后。编译系统将"//"以后到本行末尾的所有字符都作为注释。"//"开头的注释是单行注释，不能跨行。

2. 输出信息

例 1.1 中的 main()函数体包含了如下的语句：

```
cout<<"Hello, World!"<<endl;        //用 C++的方法输出一行
```

在 C++ 程序中，一般都用 cout 输出信息，它是 C++ 用于输出的语句。cout 实际上是 C++ 系统预定义的对象名，称为标准输出流对象。为便于理解，将 cout 和"<<"实现输出的语句简称为 cout 语句。"<<"是"输出运算符"，"<<"应与 cout 配合使用，在上面的代码中将运算符"<<"右侧双引号内的字符串"Hello, World!"插入到输出流中，"<<"还有一个输出控制符 endl，用于表示换行，endl 也将被插入到输出流中，C++ 系统将输出流的内容输出到系统指定的设备（一般为显示器）上。除了可以用 cout 进行输出外，在 C++ 中也可以用 C 函数 printf()进行输出。

main()函数中还包含了调用 system()函数的语句：

```
system("PAUSE"); //调用库函数 system(),输出系统提示信息
```

system("PAUSE")函数调用将使程序暂停，以便用户观察执行结果。

3. 预处理命令和命名空间 std

cout 需要用到头文件 iostream。程序中如下的代码行：

```
#include<iostream>                  //编译预处理命令
```

是一个预处理命令,文件 iostream 的内容提供输入或输出时所需要的一些信息。这类文件都放在程序单元的开头,所以称为"头文件"(head file)。

注意:在 C 语言中所有的头文件都带后缀.h(如 stdlib.h),按 C++ 标准要求,由系统提供的头文件不带后缀.h,用户自己编制的头文件可以有后缀.h。在 C++ 程序中也可以使用 C 语言编译系统提供的带后缀.h 的头文件,如"♯include ＜stdio.h＞"。

程序的如下代码:

```
using namespace std;                    //使用命名空间 std
```

表示使用命名空间 std。C++ 标准库中的类和函数是在命名空间 std 中声明的,程序中如果需要使用 C++ 标准库中的有关内容可用"using namespace std;"语句作声明,表示要用到命名空间 std 中的内容。

4. 定义 main() 函数

下面的代码行定义了 main() 函数:

```
int main()                        //主函数 main()
{
    cout<<"Hello, World!"<<endl;   //用 C++ 的方法输出一行

    system("PAUSE");               //调用库函数 system(),输出系统提示信息
    return 0;                      //返回值 0,返回操作系统
}
```

所有 C++ 程序都由一个或多个函数组成,因为每个程序总是从这个 main() 函数开始执行,所以每个 C++ 程序都必须有一个 main() 函数。

定义 main() 函数的第一行代码如下:

```
int main()                              //主函数 main()
```

这行代码是 main() 函数的起始,其中的 int 表示 main() 函数的返回值的类型,int 表示 main() 函数返回一个整数值,执行完 main() 函数后将返回给操作系统,它表示程序的状态。在下面的语句中,指定了执行完 main() 函数后要返回的值:

```
return 0;                               //返回值 0,返回操作系统
```

这个 return 语句结束 main() 函数的执行,把值 0 返回给操作系统。main() 函数通常用返回 0 表示程序正常终止,而返回非 0 值表示发生了异常,也就是在程序结束时,发生了不应发生的事情。

标准 C++ 要求 main() 函数必须声明为 int 型。有的操作系统(如 Linux)要求执行一个程序后必须向操作系统返回一个数值。在目前使用的一些 C++ 编译系统并未完全执行 C++ 这一规定,如果主函数首行写成"void main()"也能通过,本书中的所有例题都按标准 C++ 规定写成"int main()"。

1.2.2　C++ 程序开发过程

一个程序从编写到最后得到运行结果要经历编写源程序、编译、链接和运行 4 个步骤,

下面分别加以介绍。

1. 编写源程序

程序是一组计算机系统能识别和执行的指令。每一条指令使计算机执行特定的操作，用高级语言编写的程序称为源程序(source program)。C++的源程序以.cpp作为后缀(cpp是c plus plus的缩写)。

2. 编译

编译工作是由编译器完成的。C++代码不能被机器直接识别，首先需要将C++程序代码转换为机器代码。编译过程所做的工作就是把C++程序代码翻译成机器认识的机器代码的过程，编译后得到的机器代码文件称为目标文件。

编译时将对源程序进行词法检查和语法检查。词法检查是检查源程序中的单词拼写是否有错，例如把main错拼为mian。语法检查根据源程序的上下文来检查程序的语法是否有错，例如在cout语句中输出变量x的值，但是在前面并没有定义变量x。编译时对文件中的全部内容进行检查，编译结束后显示出所有的编译出错信息。出错信息一般分为两种：

(1) 错误(error)：存在这类错误就不生成目标文件，必须改正后重新编译。

(2) 警告(warning)：一些不影响运行的轻微的错误。

3. 链接

经编译后得到的目标文件中的机器代码是相互独立的，需要链接器将它们组合在一起，此时要用系统提供的"连接程序(linker)"将一个程序的所有目标文件和系统的库文件以及系统提供的其他信息连接起来，最终形成一个可执行的二进制文件，它的后缀是.exe。

4. 运行

完成链接后将得到一个可执行文件，可以直接运行。运行后，就可以得到程序结果。图1.1描述了从编译到运行的整个过程。

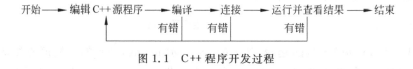

图 1.1 C++ 程序开发过程

注意：当前的C++语言开发环境中都集成了以上4个步骤，大大方便了C++语言的开发工作。附录B讨论了常用C++语言开发环境的使用方法。

读者最好尽早在计算机上编译和运行C++程序，以便加深对C++程序的认识。只靠课堂和看书是难以真正掌握C++的所有知识及其应用的。希望读者善于在实践中学习。

请读者至少选择一种(如能做到两种更好)C++编译系统，在该环境下输入和运行例题和习题中的程序。

1.3 C++ 在非面向对象方面的常用新特性

C++是从C发展而来的，C++对C引入了面向对象的新概念，同时也增加一些非面向对象的新特性，这些特性使C++使用起来更方便、更安全，本节将讨论一些常用新特性。

1.3.1　C++的输入输出

为了方便用户,C++还增加了标准输入输出流对象 cout 和 cin。cout 代表 C++的标准输出流对象,cin 代表 C++的标准输入流对象。它们都是在头文件 iostream 中定义的。键盘和显示器是计算机的标准输入和输出设备,在键盘和屏幕上的输入输出称为标准输入输出,cin 的输入设备是键盘,cout 的输出设备是屏幕。

1. cout

cout 是从内存向屏幕流动的数据流对象。cout 必须和输出运算符"<<"配合使用。"<<"在此处起到插入的作用,例如:

```
cout<<"Hello, World! \n";                 //用 C++的方法输出一行
```

的作用是将字符串"Hello, World! \n"插入到输出流对象中,也就是输出在标准输出设备上。在头文件 iostream 中定义了控制符 endl,endl 代表回车换行操作,作用与"\n"相同。

可以在一个输出语句中使用多个"<<"运算符将多个输出项插入到输出流中,例如:

```
cout<<"Hello, World!"<<endl;              //用 C++的方法输出一行
```

2. cin

cin 是从键盘向内存流动的数据流对象。用">>"运算符从输入设备键盘取得数据送到标准输入流对象 cin 中,然后再送到内存。">>"常称为输入运算符。

cin 应与">>"配合使用。例如:

```
int m;                                    //定义整型变量 m
float x;                                  //定义浮点型变量 x
cin >>m >>x;                              //输入一个整数和一个实数
```

可以从键盘输入:

```
16 168.98
```

m 和 x 分别获得值 16 和 168.98。

例 1.2　cin 与 cout 使用示例。

```
//文件路径名:e1_2\main.cpp
#include<iostream>                        //编译预处理命令
using namespace std;                      //使用命名空间 std

int main()                               //主函数 main()
{
    cout<<"请输入你的姓名与年龄："<<endl;  //输出提示信息
    char name[16];                       //姓名
    int age;                             //年龄

    cin >>name;                          //输入姓名
    cin >>age;                           //输入年龄
```

```
    cout<<"你的姓名是:"<<name<<endl;        //输出姓名
    cout<<"你的年龄是:"<<age<<endl;         //输出年龄

    system("PAUSE");                        //调用库函数 system(),输出系统提示信息
    return 0;                               //返回值 0,返回操作系统
}
```

程序运行时屏幕输出参考如下:

请输入你的姓名与年龄:
张明
18
你的姓名是:张明
你的年龄是:18
请按任意键继续...

在上面的程序中,对变量的定义放在执行语句之后。在 C 语言中要求变量的定义必须在执行语句之前。C++ 允许将变量的定义放在程序的任何位置。

1.3.2　const 定义常量

在 C 语言中常用 #define 命令来声明符号常量,例如:

```
#define PI 3.14159                        //声明符号常量 PI
```

实际上,只是在预编译时进行字符替换,把程序中出现的字符串 PI 全部替换为 3.14159,预编译后,程序中不再有 PI 这个标识符,PI 不是变量,没有数据类型,不占用存储空间。

C++ 提供了用 const 定义常量的方法,例如:

```
const float PI=3.14159;                    //定义常量 PI
```

常量 PI 具有数据类型,在编译时要进行类型检查,占用存储单元,在程序运行期间它的值是固定的,不能改变。

例 1.3　用 const 定义常量使用示例。

```
//文件路径名:e1_3\main.cpp
#include<iostream>                          //编译预处理命令
using namespace std;                        //使用命名空间 std

int main()                                  //主函数 main()
{
    const float PI=3.14159;                 //定义常量 PI
    float r, s;                             //定义变量

    cout<<"输入半径:";                      //输入提示信息
    cin >>r;                                //输入半径 r
    s=PI * r * r;                           //计算面积
```

```
    cout<<"面积:"<<s<<endl;                    //输出面积

    system("PAUSE");                          //调用库函数 system( ),输出系统提示信息
    return 0;                                 //返回值 0, 返回操作系统
}
```

程序运行时屏幕输出参考如下：

输入半径:1.2
面积:4.52389
请按任意键继续...

1.3.3 函数重载

C++ 允许在同一作用域内定义多个同名函数,但要求这些函数具有参数的类型或个数不相同。这个功能称为函数重载。在同一个作用域内,函数名相同,参数的类型或个数不同的函数称为重载函数,函数重载常用于定义具有类似功能而处理不同数据类型或不同数据个数的同名函数。

例 1.4 求 2 个数中最小值(分别考虑整数、浮点数的情况)。

```
//文件路径名:e1_4\main.cpp
#include<iostream>                       //编译预处理命令
using namespace std;                     //使用命名空间 std

int Min(int a, int b)                    //求 2 个整数的最小值
{
    return a<b ? a : b;                  //返回 a,b 的最小值
}

float Min(float a, float b)              //求 2 个浮点数的最小值
{
    return a<b ? a : b;                  //返回 a、b 的最小值
}

int main()                               //主函数 main()
{
    int a, b;                            //定义整型变量
    float x, y;                          //定义浮点型变量

    cout<<"输入整数 a,b:";               //输入提示
    cin >>a >>b;                         //输入 a,b
    cout<<a<<","<<b<<"的最小值为"<<Min(a, b)<<endl;     //输出 a、b 的最小值
    cout<<"输入浮点数 x,y:";            //输入提示
    cin >>x >>y;                         //输入 x、y
    cout<<x<<","<<y<<"的最小值为"<<Min(x, y)<<endl;     //输出 x、y 的最小值
```

```
        system("PAUSE");              //调用库函数 system( ),输出系统提示信息
        return 0;                     //返回值 0, 返回操作系统
    }
```

程序运行时屏幕输出参考如下：

```
输入整数 a,b:1 2
1,2 的最小值为 1
输入浮点数 x,y:1.6 6.9
1.6,6.9 的最小值为 1.6
请按任意键继续...
```

上面程序中 2 次调用 Min()函数，第 1 次调用时 2 个实参为整型数，第 2 次调用时 2 个实参为浮点数，系统将根据实参的类型找到与之匹配的重载函数。

例 1.5　用重载函数实现分别求 2 个整数或 3 个整数中的最小者。

```
//文件路径名:e1_5\main.cpp
# include<iostream>                   //编译预处理命令
using namespace std;                  //使用命名空间 std

int Min(int a, int b)                 //求 2 个整数的最小值
{
    return a<b ? a : b;               //返回 a、b 的最小值
}

int Min(int a, int b, int c)          //求 3 个整数的最小值
{
    int t=a<b ? a : b;                //a、b 的最小值
    t=t<c ? t : c;                    //t、c 的最小值
    return t;                         //返回 a、b、c 的最小值
}

int main()                            //主函数 main()
{
    int a, b, c;                      //定义整型变量

    cout<<"输入整数 a,b,c:";          //输入提示
    cin >>a >>b >>c;                  //输入 a,b,c
    cout<<a<<","<<b<<"的最小值为 "<<Min(a, b)<<endl;      //输出 a、b 的最小值
    cout<<a<<","<<b<<","<<c<<"的最小值为 "<<Min(a, b, c)<<endl;
                                      //输出 a、b、c 的最小值

    system("PAUSE");                  //调用库函数 system( ),输出系统提示信息
    return 0;                         //返回值 0, 返回操作系统
}
```

程序运行时屏幕输出参考如下：

输入整数 a,b,c:6 8 3
6,8 的最小值为 6
6,8,3 的最小值为 3
请按任意键继续 ...

程序中 2 次调用了 Min() 函数,第 1 次调用时有 2 个实参,第 2 次调用时有 3 个实参,系统将根据实参的个数找到与之匹配的重载函数。

注意:重载函数的形参个数或类型必须至少有其中之一不同,不允许参数个数和类型都相同而只有返回值类型不同,这是由于系统无法从函数的调用形式判断与哪一个重载函数相匹配。

1.3.4 有默认参数的函数

在 C 语言中,在函数调用时形参从实参获得参数值,所以实参的个数应与形参相同。有时多次调用同一函数时使用相同的实参值,C++ 允许给形参提供默认值,这样形参就不一定要从实参取值了。如有一函数声明:

```
float Area(float r=1.6);                    //有默认值的函数声明
```

上面的函数声明指定参数 r 的默认值为 1.6,如果在调用此函数时无实参,则参数 r 的值为 1.6,例如:

```
s=Area();                                   //等价于 Area(1.6)
```

如果不使用形参的默认值,则通过实参给出参数值,例如:

```
s=Area(5.18);                               //形参得到的值为 5.18
```

默认参数必须是函数参数表中最右边(尾部)的参数。调用具有两个或多个默认参数的函数时,如果省略的参数不是参数表中最右边的参数,则该参数右边的所有参数也应省略。默认参数应在函数名第 1 次出现时指定,如果函数的定义在函数调用之前,则应在函数定义中给出默认值。如果函数的定义在函数调用之后,则在函数调用之前需要有函数声明,此时必须在函数声明中给出默认值。也就是说,必须在函数调用之前给出默认值的信息。例如:

```
float Volume(float l=10.0, float w=8.0, float h);          //错误
float Volume(float l=10.0, float w=8.0, float h=6.0);      //正确
```

对于上面正确的函数声明,可采用如下形式的函数调用:

```
v=Volume(10.1, 8.2, 6.8);      //形参的值全从实参得到,l=10.1,w=8.2,h=6.8
v=Volume(10.1, 8.2);           //最后 1 个形参的值取默认值,l=10.1,w=8.2,h=6.0
v=Volume(10.1);                //最后 2 个形参的值取默认值,l=10.1,w=8.0,h=6.0
v=Volume();                    //形参的值全取默认值,l=10.0,w=8.0,h=6.0
```

例 1.6 函数默认参数示例。

```
//文件路径名:e1_6\main.cpp
#include<iostream>                          //编译预处理命令
```

```
using namespace std;                      //使用命名空间 std

void Show(char str1[], char str2[]="", char str3[]="");   //在声明函数时给出默认值

int main()                                //主函数 main()
{
    Show("你好!");                        //str1值取"你好!",str2与str3取默认值
    Show("你好,", "欢迎学习 C++!");        //str1值取"你好,",str2取值"欢迎学习 C++!",
                                          //str3取默认值
    Show("你好", ",", "欢迎学习 C++!");    //str1值取"你好,",str2取值",",str3取值"欢
                                          //迎学习 C++!"
    system("PAUSE");                      //调用库函数 system(),输出系统提示信息
    return 0;                             //返回值 0,返回操作系统
}

void Show(char str1[], char str2[], char str3[])    //在定义函数时不给出默认值
{
    cout<<str1<<str2<<str3<<endl;   //输出 str1、str2、str3
}
```

程序运行时屏幕输出如下:

你好!
你好,欢迎学习 C++!
你好,欢迎学习 C++!
请按任意键继续…

1.3.5　变量的引用

1. 引用的概念

建立"引用"的作用是为一个变量起另一个名字,以便在需要时可以方便、间接地引用该变量,对一个变量的"引用"的所有操作,实际上都是对其所代表的(原来的)变量的操作。

设有一个变量 x,要给它起一个别名 y,可以这样写:

```
float x;                //定义变量 x
float &y=x;             //声明 y 是一个浮点型变量的引用变量,它被初始化为 x
```

经过这样的声明后,使用 x 或 y 的作用相同,都代表同一变量。在上述声明中,& 是"引用声明符",在这里不代表地址。对变量声明一个引用,并不另开辟内存单元,x 和 y 都代表相同变量存储单元。在声明一个引用时,必须同时使之初始化。

在函数中声明一个变量的引用后,在函数执行期间,该引用一直与其代表的变量相联系,不能再作为其他变量的别名。例如:

```
int a, b;               //定义整型变量 a 和 b
int &c=a;               //使 c 成为变量 a 的引用(别名)
```

```
int &c=b;                              //又使 c 成为变量 b 的引用(别名)是错误的
```

例 1.7　变量的引用使用示例。

```
//文件路径名:e1_7\main.cpp
#include<iostream>                      //编译预处理命令
using namespace std;                    //使用命名空间 std

int main()                             //主函数 main()
{
    int a=10;                          //定义变量
    int &b=a;                          //b 为 a 的引用,a 与 b 代表相同变量存储单元

    b=b+2;                             //b 的值自加 2,a 与 b 的值都为 12
    cout<<"a 的地址:"<<&a<<endl;         //输出 a 的地址
    cout<<"b 的地址:"<<&b<<endl;         //输出 b 的地址
    cout<<"a 的值:"<<a<<endl;           //输出 a 的值
    cout<<"b 的值:"<<b<<endl;           //输出 b 的值

    system("PAUSE");                   //调用库函数 system(),输出系统提示信息
    return 0;                          //返回值 0,返回操作系统
}
```

程序运行时屏幕输出参考如下:

```
a 的地址:0013FF7C
b 的地址:0013FF7C
a 的值:12
b 的值:12
请按任意键继续 ...
```

2. 将引用作为函数参数

C++ 增加"引用"的主要目的是利用它作为函数参数,以便扩充函数传递数据的功能。

在 C 语言中,将变量名作为实参。这时将变量的值传递给形参。传递是单向的,在调用函数时,形参和实参不是同一个存储单元。在执行函数期间形参值发生变化并不传回给实参,

例 1.8　以变量为实参不能实现交换变量的值的示例。

```
//文件路径名:e1_8\main.cpp
#include<iostream>                      //编译预处理命令
using namespace std;                    //使用命名空间 std

void Swap(int a, int b)                //不能实现交换实参变量的值
{
    int t=a; a=b; b=t;                 //循环赋值交换 a 和 b 的值
}
```

```
int main()                              //主函数 main()
{
    int m=6, n=8;                       //定义整型变量
    Swap(m, n);                         //调用函数 Swap()
    cout<<m<<" "<<n<<endl;              //输出 m 和 n 的值

    system("PAUSE");                    //调用库函数 system(),输出系统提示信息
    return 0;                           //返回值 0, 返回操作系统
}
```

程序运行时屏幕输出如下:

6 8

请按任意键继续...

本例程序的形参与实参的结合方式如图 1.2 所示,图 1.2(a)表示调用函数时的数据传递,图 1.2(b)表示执行 Swap()函数体后 a 和 b 值的改变不会影响 m 和 n 的值。

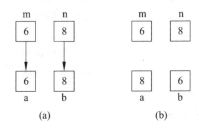

图 1.2   以变量为实参无法实现交换实参变量的值示意图

为了解决上面的问题,在 C 程序中可以用指针传递变量地址的方法,使形参得到一个变量的地址,这时形参指针变量指向实参变量单元。

例 1.9   用指针变量作形参,实现两个变量的值互换。

```
//文件路径名:e1_9\main.cpp
#include<iostream>                      //编译预处理命令
using namespace std;                    //使用命名空间 std

void Swap(int * p, int * q)             //实现交换 * p 与 * q 的值
{
    int t= * p; * p= * q; * q=t;        //循环赋值交换 * p 与 * q 的值
}

int main()                              //主函数 main()
{
    int m=6, n=8;                       //定义整型变量
    Swap(&m, &n);                       //调用函数 Swap()
    cout<<m<<" "<<n<<endl;              //输出 m 和 n 的值

    system("PAUSE");                    //调用库函数 system(),输出系统提示信息
```

```
    return 0;                          //返回值 0, 返回操作系统
}
```

程序运行时屏幕输出如下:

8 6

请按任意键继续...

函数 Swap()形参与实参的结合如图 1.3 所示,调用函数时把变量 m 和 n 的地址传送给形参 p 和 q,因此 * p 和 m 为相同的内存单元,* q 和 n 也为相同的内存单元,图 1.3(a)表示开始调用 Swap()函数时的情况,图 1.3(b)表示执行完函数体语句时的情况。

图 1.3　以变量地址为实参实现交换实参变量的值示意图

这种通过变量地址为实参间接实现交换变量的值的方法可读性较差,在 C++ 中,把变量的引用作为函数形参,由于形参是实参的引用,也就是形参是实参的别名,这样对形参的操作等价于对实参的操作,下面通过例题加以说明。

例 1.10　利用引用形参实现交换两个变量的值。

```
//文件路径名:e1_10\main.cpp
#include<iostream>                     //编译预处理命令
using namespace std;                   //使用命名空间 std

void Swap(int &a, int &b)             //实现交换实参变量的值
{
    int t=a; a=b; b=t;               //循环赋值交换 a 与 b 的值
}

int main()                            //主函数 main()
{
    int m=6, n=8;                    //定义整型变量
    Swap(m, n);                     //调用函数 Swap()
    cout<<m<<" "<<n<<endl;          //输出 m 和 n 的值

    system("PAUSE");                //调用库函数 system(),输出系统提示信息
    return 0;                        //返回值 0, 返回操作系统
}
```

程序运行时屏幕输出如下:

8 6

请按任意键继续...

函数 Swap()形参 a 和 b 是整型变量的引用,对引用形参的初始化是在函数调用时通过

与实参变量结合实现的。程序中的函数调用 Swap(m，n)实现了形参 a 为实参 m 的引用，形参 b 为实参 n 的引用，这样 a 和 m 代表同一个变量，b 和 n 代表同一个变量。在 Swap() 函数中使 a 和 b 的值对换，显然 m 和 n 的值同时改变了，如图 1.4 所示，其中图 1.4(a) 是刚开始执行 Swap(m，n) 时的情况，图 1.4(b) 是执行完函数体语句时的情况。

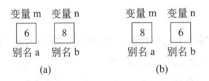

图 1.4　以引用形参实现交换实参变量的值示意图

如果形参为变量的引用名，实参为变量名，则在调用函数时，并不是为形参另外开辟一个存储空间(常称为建立实参的一个拷贝)，而是把实参变量的地址传给形参(引用名)，也就是使形参 a 和变量 m 有相同的地址。

3. 常引用

常引用就是用 const 对引用加以限定，表示不允许改变该引用的值。例如：

int a=6;	//定义整型变量 a，初值为 6
const int &b=a;	//声明常引用，不允许改变 b 的值
b=8;	//改变常引用 b 的值，错误
a=8;	//改变 a 的值，正确

从上面的示例可知，不能改变常引用的值，但可以更改常引用所代表的变量的值。

常引用通常用作函数形参，这样能保证形参的值不被改变，下面通过示例加以说明。

例 1.11　常引用形参示例。

```cpp
//文件路径名:e1_11main.cpp
#include<iostream>                    //编译预处理命令
using namespace std;                  //使用命名空间 std

struct Person
{
    char name[20];                   //姓名
    char sex[3];                     //性别
};

void Show(const Person &p)
{
    cout<<"姓名:"<<p.name<<endl;       //输出姓名
    cout<<"性别:"<<p.sex<<endl;        //输出性别
}

int main()                           //主函数 main()
{
```

```
Person p={"李倩", "女"};    //定义结构体变量
   Show(p);                             //输出 p

   system("PAUSE");                     //调用库函数 system(),输出系统提示信息
   return 0;                            //返回值 0,返回操作系统
}
```

程序运行时屏幕输出如下:

姓名:李倩

性别:女

请按任意键继续...

在上面的程序中,用结构名 Person 作为类型来定义变量 p,在 C 语言中,不能用结构名来定义结构变量名,必须在结构名前加 struct 才能定义结构变量,即应采用如下形式定义:

```
struct Person p={"李倩", "女"};    //定义结构体变量
```

在 C++ 语言中,枚举名、结构名、联合名以及类名(类在第 2 章中介绍)本身都是类型名,定义变量时,无须在枚举名、结构名、联合名以及类名前面加 enum、struct、union 和class。

可以用常量或表达式对常引用进行初始化,例如:

```
int a=6;                  //定义变量
const int &b=a+3;         //正确,可以用表达式对常引用进行初始化
int &c=a+3;               //错误,对非常引用只能用变量进行初始化
```

用表达式对常引用进行初始化时,系统将生成一个临时变量,用于存储表达式的值,引用是临时变量的别名。例如将"const int &b = a + 3;"变换为:

```
int tem=a+4;              //将表达式的值存放在临时变量 tem 中
const int &b=tem;         //声明 b 是 tem 的引用(别名)
```

说明:上面的临时变量 tem 是在内部实现的,用户不能访问临时变量。

1.3.6 动态分配和释放内存的运算符 new 和 delete

对于动态内存的分配和释放,C 语言中用 malloc()与 free()标准库函数,C++ 中用 new与 delete 运算符。它们都可完成动态内存的分配和释放。

使用 malloc()函数必须指定需要开辟的内存空间的大小。其调用形式为 malloc(size)。size 是字节数,malloc()函数只能从用户处知道应开辟空间的大小。

C++ 语言使用能完成动态内存分配和初始化工作的运算符 new,以及一个能完成清理与释放内存工作的运算符 delete 来管理动态内存。例如:

```
new int;        //分配一个存放整数的空间,返回一个指向整型数据的指针
new int(6);     //分配一个存放整数的空间,并且初始化为 6,返回一个指向整型数据的指针
new char[16];   //分配一个存放字符数组的空间,该数组有 16 个元素,返回一个指向字符数据
                //的指针
```

new 运算符使用的一般格式为：

new 类型；
new 类型(初值)；
new 类型[元素个数]；

第 1 种格式分配存储单个数据的空间时不指定初始值，第 2 种格式分配单个数据的存储空间时将指定初始值，第 3 种格式分配数组存储空间时不指定初始值。用 new 分配存储空间时，如果分配失败，返回空指针 NULL，分配成功将返回非空指针。

delete 运算符使用的一般格式为：

delete 指针变量；
delete []指针变量；

第 1 种格式释放用 new 分配的单个数据的存储空间，第 2 种格式释放用 new 分配的数组存储空间。

例 1.12 new/delete 运算符使用示例。

```cpp
//文件路径名:e1_12\main.cpp
#include<iostream>              //编译预处理命令
using namespace std;           //使用命名空间 std

int main()                     //主函数 main()
{
    int * p;                   //定义整型指针

    p=new int(16);             //分配单个整数的存储空间,并初始化为 16
    if (p==NULL)
    {
        cout<<"分配存储空间失败!"<<endl;
        exit(1);               //退出程序的运行,并向操作系统返回 1
    }
    cout<< * p<<endl;          //输出 p 所指向的动态存储空间的值
    delete p;                  //释放存储空间

    p=new int;                 //分配单个整数的存储空间
    if (p==NULL)
    {
        cout<<"分配存储空间失败!"<<endl;
        exit(2);               //退出程序的运行,并向操作系统返回 2
    }
    * p=8;                     //将 p 指向的动态存储空间赋值为 8
    cout<< * p<<endl;          //输出 p 所指向的动态存储空间的值
    delete p;                  //释放存储空间

    p=new int[8];              //分配整型数组存储空间
    if (p==NULL)
```

```
        {
            cout<<"分配存储空间失败!"<<endl;
            exit(3);                    //退出程序的运行,并向操作系统返回 3
        }
        int i;                          //定义整型变量
        for (i=0; i<8; i++)
            p[i]=i;                     //为数组赋元素值
        for (i=0; i<8; i++)
            cout<<p[i]<<" ";            //输出数组元素值
        cout<<endl;                     //换行
        delete []p;                     //释放存储空间

        system("PAUSE");                //调用库函数 system(),输出系统提示信息
        return 0;                       //返回值 0,返回操作系统
}
```

程序运行时屏幕输出如下:

```
16
8
0 1 2 3 4 5 6 7
请按任意键继续...
```

1.3.7 布尔类型

布尔类型 bool 是 ISO/ANSI(国际标准化组织/美国国家标准化组织)最近增补到 C++ 语言中的。布尔变量包含两种取值: true 或 false。如果在表达式中使用布尔变量,它将把自身取值的 true 或 false 分别转换为 1 或 0。如果将数值转换为布尔类型,如数值是零,布尔变量为 false;如数值是非零值,布尔变量就为 true。

例 1.13 编写判断一个整型是否为质数的函数,并用此函数输出 1~100 之间的质数, 要求编写测试程序。

一个整型 n 如果大于 1,并且不能被 2~(n−1)之间的所有整数所整除,那么 n 为质数, 由质数的定义很容易实现判断一个整型是否为质数的函数,具体程序实现如下。

```
//文件路径名:e1_13\main.cpp
#include<iostream>                      //编译预处理命令
using namespace std;                    //使用命名空间 std

bool IsPrime(int n)
{
    if (n<=1) return false;            //质数至少为 2
    for (int p=2; p<n; p++)
        if (n%p==0) return false;      //如 n 能被 2~(n-1)之间的整数整除,则为合数
    return true;                       //如 n 不能被 2~(n-1)之间的所有整数整除,则为质数
}
```

```
int main()                              //主函数 main()
{
    for (int n=1; n<=100; n++)
        if (IsPrime(n))                 //如果 n 为质数
            cout<<n<<" ";               //那么输出 n
    cout<<endl;                         //换行

    system("PAUSE");                    //调用库函数 system(),输出系统提示信息
    return 0;                           //返回值 0,返回操作系统
}
```

程序运行时屏幕输出如下:

2 3 5 7 11 13 17 19 23 29 31 37 41 43 47 53 59 61 67 71 73 79 83 89 97
请按任意键继续…

1.4 程 序 陷 阱

1. 函数声明中的 void 类型参数

在 C++ 中,在函数原型和函数定义中的参数类型表中的 void 的使用是可选的。例如,在 C++ 中,int Fun()等价于 int Fun(void)。在 ANSI C 中,像"int Fun();"这样的函数声明意味着 Fun()的参数个数是未知的。像"int Fun(void);"这样的声明表示函数 Fun ()没有参数。

2. 系统头文件

在 C++ 中使用系统头文件有两种方法:

(1) 用 C 语言的传统方法。头文件名包括后缀.h,如 stdio.h。由于 C 语言没有命名空间,头文件没有声明命名空间,在 C++ 程序文件中如果用到带后缀.h 的头文件时,不使用命名空间,只需在文件中包含所用的头文件即可。

(2) 用 C++ 的新方法。C++ 标准要求系统提供的头文件不包括后缀.h,例如 iostream,为表示与 C 语言的头文件既有联系又有区别,C++ 所用的头文件名一般是在 C 语言的相应的头文件名之前加一字母 c,例如 C 语言中的头文件 math.h,在 C++ 中相应的头文件名为 cmath。

目前所用的大多数 C++ 编译系统既保留了 C 的用法,又提供了 C++ 的新方法。下面两种用法等价,可以任选。

C 传统方法:

```
#include<stdio.h>                      //标准输入输出头文件
#include<math.h>                       //数学函数头文件
#include<iostream.h>                   //输入输出流头文件
```

C++ 新方法:

```
#include<cstdio>                       //标准输入输出头文件
#include<cmath>                        //数学函数头文件
```

```
#include<iostream>                    //输入输出流头文件
using namespace std;                  //使用命名空间 std
```

3. 函数声明

在 C++ 中,如果函数调用的位置在函数定义之前,则要求在函数调用之前必须对所调用的函数作函数声明,这样方便编译系统对函数调用的合法性进行严格检查,尽量保证程序的正确性。函数声明的一般形式为:

函数类型　函数名(参数表);

参数表中一般包括参数类型和参数名,也可只包括参数类型而不包括参数名,如下面两种写法等价:

```
int Min(int a, int b);                //参数表中包括参数类型和参数名
int Min(int, int);                    //参数表中只包括参数类型,不包括参数名
```

编译器只检查参数类型,并不检查参数名。

1.5　习　　题

一、选择题

1. 下列语句中,错误的是_____。

    A) const int buffer = 256;　　　　B) const int temp;

    C) const double * point;　　　　　D) double * const pt = new double(5.5);

2. 关于函数重载,下列叙述中错误的是_____。

    A) 重载函数的函数名必须相同

    B) 重载函数必须在参数个数或类型上有所不同

    C) 重载函数的返回值类型必须相同

    D) 重载函数的函数体可以有所不同

3. 有以下程序:

```
//文件路径名:ex1_1_3\main.cpp
#include<iostream>                    //编译预处理命令
using namespace std;                  //使用命名空间 std

void Fun(int i, int j)
{
    cout<<i+j<<endl;                  //输出 i+j
}

void Fun(int i)
{
    cout<<i++<<endl;                  //输出 i++
}
```

```
int main()                          //主函数 main()
{
    int a=1;                        //定义变量 i
    Fun(a);                         //调用 Fun()

    return 0;                       //返回值 0,返回操作系统
}
```

该程序执行后输出的结果是_____。

A) 1   B) 2   C) 3   D) 4

二、编程题

1. 编写一个 C++ 程序,要求输出"欢迎学习 C++ 语言!"。

*2. 编一个程序,用一个函数实现求 n 个整型数据的最小值。函数原型如下:

int Min(int a[], int n)

3. 求 2 个数或 3 个整数中的最大数,用 2 个同名函数实现,要求编写测试程序。

4. 用变量的引用作函数形参,实现交换 2 个整型变量,要求编写测试程序。

*5. 编一个程序,用同一个函数名对 n 个数据进行从小到大排序,数据类型可以是整型、单精度实型、双精度实型,用重载函数实现。

第2章 类和对象

2.1 由结构到类的发展

在 C 语言中,结构由若干成员组成。在 C++ 中,结构中可以有函数。类是从结构演变而来的,C++ 最初称为"带类的 C"。从结构到类的演变是从让结构含有函数开始的。

2.1.1 带函数的结构

C++ 允许程序员在结构中定义函数,这样的函数称为成员函数。原来的结构成员称为数据成员,可使用如下的形式描述结构:

```
struct 结构名
{
    数据成员
    成员函数
};
```

可以像结构变量那样使用成员函数:

```
结构变量.成员函数(实参)
```

例 2.1 在结构中使用成员函数的示例。

```cpp
//文件路径名:e2_1\main.cpp
#include<iostream>                     //编译预处理命令
using namespace std;                   //使用命名空间 std

struct Point
{
//数据成员
    double x;                          //x 坐标
    double y;                          //y 坐标

//成员函数
    void Set(double a, double b)       //设置坐标
    { x=a; y=b; }
    void Show()                        //显示坐标
    { cout<<"("<<x<<","<<y<<")"<<endl; }
};

int main()                             //主函数 main()
{
```

```
    Point v;                            //定义变量
    v.Set(6, 18);                       //设置 v 的坐标
    v.Show();                           //显示 v 的坐标

    system("PAUSE");                    //调用库函数 system( ),输出系统提示信息
    return 0;                           //返回值 0,返回操作系统
}
```

程序运行时屏幕输出如下：

```
(6,18)
```
请按任意键继续...

在主函数中的变量通过结构的成员函数操作数据成员,结构 Point 的成员都可通过变量直接引用,称为具有公有(public)访问权限。

面向对象程序设计的封装性包含了隐藏数据成员,可使数据成员具有私有(private)访问权限实现,这时将不能通过变量直接访问数据成员。

例 2.2 使结构具有封装性的示例。

```
//文件路径名:e2_2\main.cpp
#include<iostream>                      //编译预处理命令
using namespace std;                    //使用命名空间 std

struct Point
{
private:
//数据成员
    double x;                           //x 坐标
    double y;                           //y 坐标

public:
//公有函数
    void Set(double a, double b)        //设置坐标
    { x=a; y=b; }
    void Show()                         //显示坐标
    { cout<<"("<<x<<","<<y<<")"<<endl; }
};

int main()                              //主函数 main()
{
    Point v;                            //定义变量
    v.Set(6, 18);                       //设置 v 的坐标
    v.Show();                           //显示 v 的坐标
    //cout<<"("<<v.x<<","<<v.y<<")"<<endl;
                                        //错语,私有成员不能通过变量 v 直接访问
```

```
        system("PAUSE");              //调用库函数 system(),输出系统提示信息
        return 0;                     //返回值 0,返回操作系统
}
```

程序运行时屏幕输出如下：

(6,18)
请按任意键继续…

没有使用 private 定义的成员函数,其默认访问权限为 public,私有的数据成员必须通过公有的成员函数才能使用,这就成为具有类的性质的结构,一般将具有类的性质的结构的变量称为对象。只是类一般使用关键字 class 定义,类的默认的访问权限是 private。

2.1.2　用构造函数初始化结构的对象

构造函数用于初始化结构的对象。构造函数名与结构名相同,无返回值类型,对于上面的结构 Point,可声明如下的构造函数。

```
Point(double a=0, double b=0);
```

例 2.3　使用构造函数初始化对象的示例。

```
//文件路径名:e2_3\main.cpp
#include<iostream>                //编译预处理命令
using namespace std;              //使用命名空间 std

struct Point
{
private:
//数据成员
    double x;                     //x 坐标
    double y;                     //y 坐标

public:
//公有函数
    Point(double a=0, double b=0) //构造函数
    { x=a; y=b; }
    void Set(double a, double b)  //设置坐标
    { x=a; y=b; }
    void Show()                   //显示坐标
    { cout<<"("<<x<<","<<y<<")"<<endl; }
};

int main()                        //主函数 main()
{
    Point v(6, 18);               //定义对象,构造函数的参数为 a=6, b=18
    v.Show();                     //显示 v 的坐标
```

```
        system("PAUSE");                    //调用库函数 system(),输出系统提示信息
        return 0;                            //返回值 0, 返回操作系统
    }
```

程序运行时屏幕输出如下：

```
(6,18)
请按任意键继续...
```

上面程序在运行时，将自动完成初始化工作，语句"Point a(6，18);"会使 a．x＝6，a．y＝16。

2.1.3 从结构到类的演化

在例 2.3 中，用关键字 class 替换 struct，这时就得到一个标准的类。

例 2.4 标准的类示例。

```
//文件路径名:e2_4\main.cpp
#include<iostream>                           //编译预处理命令
using namespace std;                         //使用命名空间 std

class Point
{
private:
//数据成员
    double x;                                //x 坐标
    double y;                                //y 坐标

public:
//公有函数
    Point(double a=0, double b=0)            //构造函数
    { x=a; y=b; }
    void Set(double a, double b)             //设置坐标
    { x=a; y=b; }
    void Show()                              //显示坐标
    { cout<<"("<<x<<","<<y<<")"<<endl; }
};

int main()                                   //主函数 main()
{
    Point v(6, 18);                          //定义对象
    v.Show();                                //显示 v 的坐标

    system("PAUSE");                         //调用库函数 system(),输出系统提示信息
    return 0;                                //返回值 0, 返回操作系统
}
```

程序运行时屏幕输出如下：

(6,18)
请按任意键继续…

类 Point 可理解为直角坐标系的点类,图 2.1 是类 Point 的示意图。

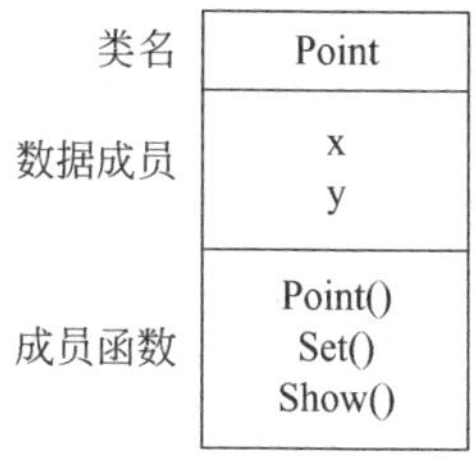

在图 2.1 中,第 1 个小方框中为类名,第 2 个小方框里的是数据,称为属性(或称数据成员)。第 3 个小方框中给出类所提供的具体操作方法,本质就是通过操作数据成员实现指定功能的函数,这里称为成员函数。

类名	Point
数据成员	x y
成员函数	Point() Set() Show()

图 2.1　类 Point 示意图

2.2　面向对象程序设计技术

面向对象的程序设计方法的关键要素是抽象、封装、继承和多态性等。

2.2.1　对象

现实世界中客观事物都可以称为对象。例如平面上的点是一个对象。平面上的点的坐标表示了点的属性;设置点的坐标与显示点的坐标是对点的操作,通过这种抽象归纳,C++ 语言使用对象名、属性和操作三个要素来描述对象。对象名用于标识一个具体对象;对象的属性用数据来表示,一个属性的值就是描述对象的一个数据;一个操作就是一个函数(使用函数实现操作),这些操作也称为方法或服务。数据称为数据成员,函数称为成员函数。

2.2.2　抽象和类

抽象指抽取出事物的本质特征,面向对象程序设计提倡程序员以抽象的观点分析程序,将程序看成是由一组对象所组成的。

可以将一组对象的共同特征抽象出来,从而形成“类”的概念。例如从平面上的具体的点(2,3)、(4,8)、(6,9)……抽象出点的概念,这就是“点类”Point。这个类的本质是具有两个坐标属性和对这两个属性值进行操作的方法。不同的点的区别只是属性值的不同,其操作是相同的。抽象出类 Point 后,程序员可集中精力研究有关“点”的概念,如果再给它增加一个颜色属性,就可以知道这个类的所有对象在颜色上会有所区别,也无需再分散注意力关注任何一个具体点的坐标和颜色等细节。

一个对象是由一些属性和操作构成的。对象的属性描述了对象的内部细节。类是具有相同属性和操作的一组对象的集合,它为属于该类的所有对象提供统一的抽象描述,其内部包括属性和操作两个主要部分。

2.2.3　封装

例如电视机将各种部件都装在机箱里,遥控功能装在遥控器盒子中,这就是封装。进行这样封装后,可使用遥控器操作电视机,这样不但方便使用,也保护了电视机。

按照面向程序设计的观点,对象的属性只能由这个对象的操作来存取。对象的操作分为内部操作和外部操作。内部操作只供对象内部的其他操作使用。外部操作就是对象的公有函数(也称为接口),对象内部数据的这种不可访问性称为数据隐藏。只有通过公有函数才能访问对象的属性。由于程序员总是和公有函数打交道,因此不必了解数据的具体细节。封装就是把对象的属性和操作结合成一个独立的系统单位,并尽可能隐蔽对象的内部细节。

在类中,封装是通过访问权限实现,如将每个类的属性设置为私有属性,将操作分为私有和公有两种类型。在对象的外部只能访问对象的公有操作,不能直接访问对象的私有部分。

2.2.4 继承

继承是指一个对象可以获得另一个对象的特性的机制,继承简化了人们对事物的认识和描述。比如认识了轮船的特征之后,由于客轮是轮船的特殊种类,因此客轮具有轮船的特征。当研究客轮时,只需专注于发现和描述客轮独有的那些特征即可。

2.2.5 多态性

不同的对象调用相同名称的函数,可以导致完全不同的行为的现象称为多态性。利用多态性,程序员只需进行一般形式的函数调用,函数的实现细节由接受函数调用的函数体确定,这样提高了解决复杂问题的能力。例如,对于将两个数"相乘"的操作,这两个数可以是整数或实数,将"*"看做一个特殊函数,则 6*8 和 1.6*5.08 都是使用"*"来完成两个数相乘的功能,这就是"*"体现的多态性。

2.3　C++ 类的声明与对象的定义

2.3.1 类的声明

类是一种用户自己构造的数据类型,类要先声明后使用,在 C++ 中声明类的一般形式为:

```
class 类名
{
private:
    私有数据成员和成员函数

protected:
    保护数据成员和成员函数

public:
    公有数据成员和成员函数
};
```

类声明以关键字 class 开始,后跟类名。类所声明的内容用花括号括起来,这一对花括号之间的内容称为类体,右花括号后的分号是类声明语句的结束标志。

类中定义的数据和函数称为这个类的成员(即数据成员和成员函数)。类成员具有访问权限,访问权限通过在类成员前面的关键字来定义。关键字 private、protected 和 public 代表访问权限分别是私有、保护和公有访问权限,其后定义的成员分别称为私有成员、保护成员和公有成员。访问权限用于控制对象的某个成员在程序中的可访问性,用 class 定义的类的所有成员默认声明为 private 属性。这些关键字的使用顺序和次数也都是任意的。

关于类的上述成员的访问权限,在 C++ 中有遵守如下的访问规则:

(1) 公有成员:类成员函数以及该类外对象都能够以正确的方式引用这些公有成员。

(2) 私有成员:私有成员只能被类成员函数所访问,而不能被该类或派生类外的对象直接访问。

(3) 保护成员:保护成员只能被该类及其派生类的成员函数所访问,不能被该类或派生类外的对象所直接访问。

例 2.5 使用类访问权限的示例。

```cpp
//文件路径名:e2_5\main.cpp
#include<iostream>              //编译预处理命令
using namespace std;           //使用命名空间 std

class Point
{
private:
//私有成员
    double x;                  //x 坐标

protected:
//保护成员
    double y;                  //y 坐标

public:
//公有成员
    Point(double a=0, double b=0)   //构造函数
    { x=a; y=b; }
    void Set(double a, double b)    //设置坐标
    { x=a; y=b; }
    void Show()                //显示坐标
    { cout<<"("<<x<<","<<y<<")"<<endl; }
};

int main()                     //主函数 main()
{
    Point v(6, 18);            //定义对象
//  v.x=9;                     //错,私有成员不能通过类外的对象直接访问
//  v.y=9;                     //错,保护成员不能通过类外的对象直接访问
    v.Show();                  //显示 v 的坐标
    system("PAUSE");           //调用库函数 system(),输出系统提示信息
    return 0;                  //返回值 0,返回操作系统
```

```
}
```

程序运行时屏幕输出如下：

```
(6,18)
```
请按任意键继续...

2.3.2 在类体外定义成员函数

前面的例题中类的成员函数都是在类体中定义的,也可在类体中声明成员函数,在类体外定义成员函数,在类体外定义成员函数的一般形式为：

返回值类型 类名::成员函数名(形参表)
{
　　成员函数的函数体
}

其中"::"是作用域运算符,"类名"是成员函数所在类的名字,"类名::成员函数名"表示对属于"类名"的成员函数进行定义,"返回值类型"则是这个成员函数返回值的类型。剩下的任务是定义成员函数的函数体。

例 2.6 在类体外定义成员函数的示例。

```
//文件路径名:e2_6\main.cpp
#include<iostream>                    //编译预处理命令
using namespace std;                  //使用命名空间 std

class Point
{
private:
//数据成员
    double x;                         //x 坐标
    double y;                         //y 坐标

public:
//公有函数
    Point(double a=0, double b=0);    //构造函数
    void Set(double a, double b);     //设置坐标
    void Show();                      //显示坐标
};
```

```
Point::Point(double a, double b)     //构造函数
{ x=a; y=b; }
```

```
void Point::Set(double a, double b)  //设置坐标
{ x=a; y=b; }
```

```
void Point::Show()                         //显示坐标
{ cout<<"("<<x<<","<<y<<")"<<endl; }
```

```
int main()                                 //主函数 main()
{
    Point v(6, 18);                        //定义对象
    v.Show();                              //显示 v 的坐标

    system("PAUSE");                       //调用库函数 system(),输出系统提示信息
    return 0;                              //返回值 0,返回操作系统
}
```

程序运行时屏幕输出如下:

```
(6,18)
请按任意键继续...
```

在类体内对成员函数作声明,而在类体外定义成员函数,这样类声明的行数较少,类体更清晰,但类声明加上成员函数的定义所占行数更多;对于比较简单的程序或函数体代码较少的成员函数,建议将成员函数的定义写在类体内,对于比较大型的程序或函数体代码较多的成员函数,建议将成员函数的定义写在类体外。

2.3.3 定义对象的方法

应先声明类类型,然后再定义对象,例如:

```
Point v;                                   //定义对象
```

在 C++ 中,在声明了类类型后,定义对象有如下两种形式:

(1) class 类名 对象名

例如 class Point v;

把 class 和 Point 合起来作为一个类型名,用来定义对象,这是从 C 语言继承下来的,这种形式使用得较少。

(2) 类名 对象名

例如 Point v;

直接用类名定义对象。这种方法方法更为简捷方便,更实用。

例 2.7 定义对象不同方法示例。

```
//文件路径名:e2_7\main.cpp
#include<iostream>                          //编译预处理命令
using namespace std;                        //使用命名空间 std

class Point
{
private:
```

```
//数据成员
    double x;                              //x 坐标
    double y;                              //y 坐标

public:
//公有成员
    Point(double a=0, double b=0)          //构造函数
    { x=a; y=b; }
    void Set(double a, double b)           //设置坐标
    { x=a; y=b; }
    void Show()                            //显示坐标
    { cout<<"("<<x<<","<<y<<")"<<endl; }
};

int main()                                 //主函数 main()
{
    class Point u(6, 18);                  //定义对象
    u.Show();                              //显示 u 的坐标

    Point v;                               //定义对象
    v.Set(1, 6);                           //设置坐标值
    v.Show();                              //显示 v 的坐标

    system("PAUSE");                       //调用库函数 system( ),输出系统提示信息
    return 0;                              //返回值 0, 返回操作系统
}
```

程序运行时屏幕输出如下：

```
(6,18)
(1,6)
请按任意键继续...
```

2.3.4 对象成员的引用

在程序中引用对象成员有如下两种方法。

1. 通过对象引用对象成员

通过对象引用对象成员的一般形式为：

对象名.成员名

例如：

```
Point u(6, 18);                  //定义对象
u.Show();                        //通过对象引用对象的成员
```

2. 通过指向对象的指针引用对象成员

通过指向对象的指针引用对象成员的一般形式为：

指向对象的指针->成员名

例如：

```
Point u(6, 8);                          //定义对象
Point * p=&u;                           //定义指针
p->Show();                              //通过指向对象的指针引用对象的成员
```

例 2.8 对象成员的引用示例。

```
//文件路径名:e2_8\main.cpp
#include<iostream>                       //编译预处理命令
using namespace std;                     //使用命名空间 std

class Point
{
private:
//数据成员
    double x;                            //x 坐标
    double y;                            //y 坐标

public:
//公有成员
    Point(double a=0, double b=0)        //构造函数
    { x=a; y=b; }
    void Set(double a, double b)         //设置坐标
    { x=a; y=b; }
    void Show()                          //显示坐标
    { cout<<"("<<x<<","<<y<<")"<<endl; }
};

int main()                               //主函数 main()
{
    Point v(6, 18);                      //定义对象
    v.Show();                            //通过对象引用对象成员

    Point * p=&v;                        //定义指针
    p->Show();                           //通过指向对象的指针引用对象成员

    system("PAUSE");                     //调用库函数 system(),输出系统提示信息
    return 0;                            //返回值 0, 返回操作系统
}
```

程序运行时屏幕输出如下：

(6,18)
(6,18)
请按任意键继续...

2.4 构造函数

2.4.1 构造函数的定义

在建立一个对象时,需要对数据成员赋初值。为解决这个问题,C++提供了构造函数来解决对象的初始化问题。构造函数是一种特殊类型的成员函数,构造函数不需要用户来调用它,是在建立对象时自动执行的。构造函数的名字与类名同名,没有返回值类型,构造函数的声明格式如下:

类名(类型1形参1,类型2形参2,…);

在一个类中可以定义多个构造函数。由于用户不能调用构造函数,所以不能采用调用函数的方法给出实参。实参是在定义对象时给出的。定义对象的一般格式为:

类名 对象名(实参1,实参2,…);

如果没有参数,则可采用如下方式定义对象:

类名　对象名;

例 2.9 构造函数示例。

```cpp
//文件路径名:e2_9\main.cpp
#include<iostream>                     //编译预处理命令
using namespace std;                   //使用命名空间std

class Time
{
private:
//数据成员
    int hour;                          //时
    int minute;                        //分
    int second;                        //秒

public:
//公有成员
    Time()                             //无参构造函数
    { hour=0; minute=0; second=0; }
    Time(int h, int m, int s)          //带参数的构造函数
    { hour=h; minute=m; second=s; }
    void Set(int h, int m, int s)      //设置时间
    { hour=h; minute=m; second=s; }
    void Show()                        //显示时间
    { cout<<hour<<":"<<minute<<":"<<second<<endl; }
};
```

```
int main()                              //主函数 main()
{
    Time t1;                            //调用无参构造函数构造对象 t1
    t1.Show();                          //显示时间 0:0:0
    t1.Set(6, 18, 16);                  //设置时间
    t1.Show();                          //显示时间 6:18:16

    Time t2(12, 16, 19);                //调用带参数的构造函数构造对象 t2
    t2.Show();                          //显示时间 12:16:19

    system("PAUSE");                    //调用库函数 system(),输出系统提示信息
    return 0;                           //返回值 0,返回操作系统
}
```

程序运行时屏幕输出如下:

```
0:0:0
6:18:16
12:16:19
请按任意键继续...
```

如果在类中没有定义构造函数,则 C++ 会自动生成一个构造函数,只是这个构造函数的函数体是空的,也没有参数,不执行初始化操作,这样的构造函数称为默认构造函数,具体形如下:

类名() {}

注意:一旦用户定义了任何构造函数,系统就不再提供默认构造函数。

2.4.2 用参数初始化表对数据成员进行初始化和使用默认参数

在前面关于类的程序中,构造函数是在函数体内通过赋值语句对数据成员实现初始化。C++ 还提供一种通过参数初始化表来实现对数据成员进行初始化的方法。参数初始化表的形式如下:

数据成员 1(参数表 1),数据成员 2(参数表 2),…

通过参数初始化表来实现对数据成员进行初始化的方法不在函数体内对数据成员初始化,而是在函数首部实现。是在原来函数首部的末尾加一个冒号,然后列出参数的初始化表,有了初始化表,构造函数的函数体一般为空。含有参数始化表的构造函数的定义的一般形式如下:

类名(类型 1 形参 1,类型 2 形参 2,…):数据成员 1(参数表 1),数据成员 2(参数表 2),… {}

构造函数的参数不但可采用实参来传递,还可指定形参的默认值,如果用户不指定实参值,系统将使用形参的默认值。

例 2.10 用参数初始化表对数据成员进行初始化的方式示例。

//文件路径名:e2_10\main.cpp

```
#include<iostream>                   //编译预处理命令
using namespace std;                 //使用命名空间 std

class Time
{
private:
//数据成员
    int hour;                        //时
    int minute;                      //分
    int second;                      //秒

public:
//公有成员
    Time(int h=0, int m=0, int s=0): hour(h), minute(m), second(s){ }    //构造函数
    void Set(int h, int m, int s)    //设置时间
    { hour=h; minute=m; second=s; }
    void Show()                      //显示时间
    { cout<<hour<<":"<<minute<<":"<<second<<endl; }
};

int main()                           //主函数 main()
{
    Time t1;                         //构造函数的参数都采用默认值的方式来构造对象 t1
    t1.Show();                       //显示时间 0:0:0
    t1.Set(6, 18, 16);               //设置时间
    t1.Show();                       //显示时间 6:18:16

    Time t2(12, 16, 19);             //构造函数的参数都采用指定值的方式来构造对象 t2
    t2.Show();                       //显示时间 12:16:19

    system("PAUSE");                 //调用库函数 system(),输出系统提示信息
    return 0;                        //返回值 0,返回操作系统
}
```

程序运行时屏幕输出如下:

0:0:0
6:18:16
12:16:19
请按任意键继续...

　　上面示例中的构造函数采用了参数初始化表,这种方式使用更方便,建议读者在编程时尽量多使用这种方法初始化所有数据成员。同时本例程序的构造函数的所有形参都提供了默认值,这时可以不提供实参,也就是相当于具有无参构造函数,因此本例不定义无参构造函数,程序代码更短。

2.5 析 构 函 数

析构函数的作用与构造函数相反,它的函数名是"～类名"。在 C++ 中"～"是位取反运算符,可以看出析构函数是与构造函数作用相反的函数。当对象的生命期结束时,将自动执行析构函数。

析构函数的功能不是删除对象,而是在撤销对象占用的内存之前完成一些清理工作,例如释放指针数据成员指向的动态内存,实际上析构函数还可以被用来执行一些其他操作,例如输出有关的信息。

析构函数没有返回值类型,也没有函数参数。由于没有函数参数,所以它不能被重载。一个类可以有多个构造函数,但是只能有一个析构函数。析构函数的声明格式如下:

~类名();

例 2.11 包含构造函数与析构函数的程序。

```cpp
//文件路径名:e2_11\main.cpp
#include<iostream>                    //编译预处理命令
using namespace std;                  //使用命名空间 std

class MyClass
{
private:
//数据成员
    int tag;                         //用于标识对象

public:
//公有成员
    MyClass(int n=0): tag(n){ }      //构造函数
    ~MyClass() { cout<<tag<<":"<<"执行析构函数"<<endl; }    //析构函数
};

int main()                           //主函数 main()
{
    MyClass a;                       //定义对象 a, a 的数据成员的值为 0
    MyClass * p=new MyClass(1);      //定义指针并分配动态存储空间,数据成员的值为 1
    MyClass * q=new MyClass(2);      //定义指针并分配动态存储空间,数据成员的值为 2
    delete p;                        //释放动态对象,将执行析构函数

    system("PAUSE");                 //调用库函数 system(),输出系统提示信息
    return 0;                        //返回值 0,返回操作系统
}
```

程序运行时屏幕输出如下:

1:执行析构函数!

请按任意键继续 ...

用户按任意键后，屏幕输出如下：

```
1:执行析构函数
请按任意键继续 ...
0:执行析构函数
```

从上面的运行结果可以看出，用 new 运算符动态地建立了一个对象，只有执行 delete 运算符释放该对象时，才调用该对象的析构函数。

在 main()函数执行 return 语句之后，主函数中的语句已执行完华，对主函数的调用就结束了，在主函数中定义自动局部对象 a 的生命期随着主函数的结束而结束，在撤销对象之前将自动调用析构函数。

在本例中，析构函数并无任何实质上的作用，只是输出一个信息。这里使用析构函数只是为了说明析构函数的使用方法。

2.6　构造函数和析构函数的一般执行顺序

在使用构造函数和析构函数时，它们的调用时间和调用顺序是一般考试的必考内容，希望读者掌握。

在一般情况下，在一个函数中，构造函数的调用顺序是定义对象的顺序，调用析构函数的次序正好与调用构造函数的次序相反：最先被调用的构造函数，其对应的析构函数最后被调用，而最后被调用的构造函数，其对应的析构函数最先被调用，如图 2.2 所示。

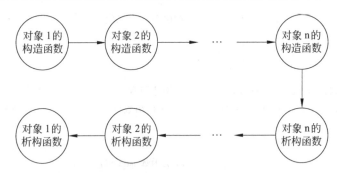

图 2.2　构造函数与析构函数执行顺序示意图

例 2.12　演示构造函数与析构函数执行顺序的程序。

```cpp
//文件路径名:e2_12\main.cpp
#include<iostream>                        //编译预处理命令
using namespace std;                      //使用命名空间 std

class MyClass
{
private:
//数据成员
```

```
    int tag;                              //用于标识对象

public:
//公有成员
    MyClass(int n=0): tag(n) { cout<<tag<<":"<<"构造函数"<<endl; }    //构造函数
    ~MyClass() { cout<<tag<<":"<<"析构函数"<<endl; }                      //析构函数
};

int main()                                //主函数 main()
{
    MyClass a;                            //定义对象 a, a 的数据成员的值为 0
    MyClass b(1);                         //定义对象 b, b 的数据成员的值为 1
    MyClass c(2);                         //定义对象 c, c 的数据成员的值为 2

    system("PAUSE");                      //调用库函数 system(),输出系统提示信息
    return 0;                             //返回值 0, 返回操作系统
}
```

程序运行时屏幕输出如下：

0:构造函数
1:构造函数
2:构造函数
请按任意键继续…
2:析构函数
1:析构函数
0:析构函数

本节只讨论一般情况下构造函数与析构函数的执行顺序,也就是构造函数的执行顺与析构函数的执行顺序相反,但并不是在任何情况下都遵循这一原则,例如用 new 分配动态对象时将自动调用构造函数,只有执行 delete 释放动态对象时才执行析构函数,也就是析构函数的执行顺序与 delete 运算符的执行顺序相同,下面通过示例加以说明。

例 2.13 动态对象的构造函数与析构函数执行顺序的示例。

```
//文件路径名:e2_13\main.cpp
#include<iostream>                        //编译预处理命令
using namespace std;                      //使用命名空间 std

class MyClass
{
private:
//数据成员
    int tag;                              //用于标识对象

public:
//公有成员
```

```
    MyClass(int n=0): tag(n){ cout<<tag<<":"<<"构造函数"<<endl; }      //构造函数
    ~MyClass() { cout<<tag<<":"<<"析构函数"<<endl; }                    //析构函数
};

int main()                          //主函数 main()
{
    MyClass * p=new MyClass;        //定义指针并分配动态存储空间,数据成员的值为 0
    MyClass * q=new MyClass(1);     //定义指针并分配动态存储空间,数据成员的值为 1
    MyClass * r=new MyClass(2);     //定义指针并分配动态存储空间,数据成员的值为 2
    delete p;                       //释放 p 所指向的动态对象
    delete r;                       //释放 r 所指向的动态对象
    delete q;                       //释放 q 所指向的动态对象

    system("PAUSE");                //调用库函数 system( ),输出系统提示信息
    return 0;                       //返回值 0,返回操作系统
}
```

程序运行时屏幕输出如下:

0:构造函数
1:构造函数
2:构造函数
0:析构函数
2:析构函数
1:析构函数
请按任意键继续...

2.7　复制构造函数

复制构造函数利用一个对象初始化另一个对象,这个构造函数可以用一个实参调用,此实参是与被构造的对象同类型的对象,复制构造函数形参是被声明为接受对象的引用,为提高程序的安全性,通常声明为常引用。复制构造函数声明如下:

类名(const 类名 & 源对象);

如果没有复制构造函数,编译器将提供一个默认复制构造函数,它采用的是将源对象的所有数据成员的值逐一赋值给目标对象的相应的数据成员。

例 2.14　使用默认复制构造函数的示例。

```
//文件路径名:e2_14\main.cpp
#include<iostream>                  //编译预处理命令
using namespace std;                //使用命名空间 std

class Time
{
private:
```

```
//数据成员
    int hour;                           //时
    int minute;                         //分
    int second;                         //秒

public:
//公有成员
    Time(int h=0, int m=0, int s=0):hour(h), minute(m), second(s){ }    //构造函数
    void Set(int h, int m, int s)       //设置时间
    { hour=h; minute=m; second=s; }
    void Show()                         //显示时间
    { cout<<hour<<":"<<minute<<":"<<second<<endl; }
};

int main()                              //主函数 main()
{
    Time t1(6, 16, 18);                 //构造函数的参数都采用默认值的方式来构造对象 t1
    t1.Show();                          //显示时间 6:16:18

    Time t2(t1);                        //利用默认构造函数构造对象 t2
    t2.Show();                          //显示时间 6:16:18

    system("PAUSE");                    //调用库函数 system( ),输出系统提示信息
    return 0;                           //返回值 0, 返回操作系统
}
```

程序运行时屏幕输出如下:

```
6:16:18
6:16:18
请按任意键继续...
```

上面示例中利用 t1 复制构造 t2,只是简单地将 t1 的数据成员的值赋值给 t2 的相应数据成员,但这种简单复制方法有可能引起意外的错误,当一个类中包含指针类型的数据成员,并且通过指针在构造函数中动态申请了存储空间,在析构函数中通过指针释放了动态存储空间,这种情况下将会出现运行时错误,下面通过示例加以说明。

例 2.15　使用默认复制构造函数出现运行时错误的示例。

```
//文件路径名:e2_15\main.cpp
#include<iostream>                      //编译预处理命令
using namespace std;                    //使用命名空间 std

class String
{
private:
//数据成员
```

```
        char * strValue;                            //串值

    public:
    //公有成员
        String(char * s="")                         //构造函数
        {
            if (s==NULL) s="";                      //将空指针转化为空串
            strValue=new char[strlen(s)+1];         //分配存储空间
            strcpy(strValue, s);                    //复制串值
        }
        ~String() { delete []strValue; }            //析构函数
        void Show() { cout<<strValue<<endl; }       //显示串

    };

    int main()                                      //主函数 main()
    {
        String s1("test");                          //调用普通构造函数的生成对象 s1
        String s2(s1);                              //调用默认复制构造函数的生成对象 s2

        s1.Show();                                  //显示串 s1
        s2.Show();                                  //显示串 s2

        system("PAUSE");                            //调用库函数 system( ),输出系统提示信息
        return 0;                                   //返回值 0,返回操作系统
    }
```

程序运行时屏幕输出如下：

```
test
test
请按任意键继续 ...
```

当用户按任一键时,在 Visual C++ 6.0、Visual C++ 2005 和 Visual C++ 2005 Express
环境中,屏幕将会显示类似"Debug Assertion Failed!"的错误,这时将中断程序的执
行,这是因为在执行"String s1("test");"语句时,构造函数动态地分配存储空间,并将
返回的地址赋给对象 s1 的数据成员 strValue,然后把"test"拷贝到这块空间中,如
图 2.3 所示。

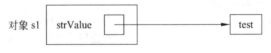

图 2.3   s1 对象的内存空间示意图

执行语句"String s2(s1);"时,由于没有定义类 String 的复制构造函数,系统将调用默
认的复制构造函数,负责将对象 s1 的数据成员 strValue 中存放的地址值赋值给对象 s2 的

数据成员 strValue,这时内存空间的示意如图 2.4 所示。

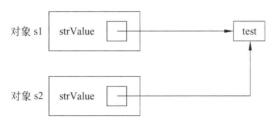

图 2.4　s1 对象和 s2 对象的内存空间示意图

在图 2.4 中,对象 s1 复制给对象 s2 的仅是其数据成员 strValue 的值,并没有把
strValue 指向的动态存储空间进行复制,当遇到对象的生命期结束需要撤销对象时,首先由
s2 对象调用析构函数,将 strValue 成员所指向的字符串"Test"所在的动态空间释放,此时
的内存状态如图 2.5 所示。

图 2.5　s2 执行析构函数后内存空间示意图

从图 2.5 可以看出,在对象 s1 自动调用析构函数之前,对象 s1 的数据成员 strValue 指
向已释放的内存空间,因此在 s1 调用析构函数时,无法正确执行析构函数代码"delete[]
strValue",从而导致出错。

在 Dev-C++ 和 MinGW Developer Studio 环境中没有出现上述错误现象,原因是在发
现 delete 要释放一个已释放的空间时,不再作释放操作。

为避免出错,可定义复制构造函数,通过复制指针数据成员 strValue 所指向的动态空
间中的内容。这样,两个对象的指针成员 strValue 就拥有不同的地址值,指向不同的动态
存储空间,但两个动态空间中的内容完全一样,如图 2.6 所示。

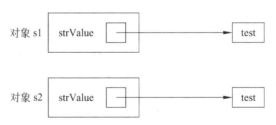

图 2.6　定义复制构造函数实现复制 strValue 指向的动态空间的内容示意图

例 2.16　定义复制构造函数避免例 2.15 使用默认构造函数的副作用。

```cpp
//文件路径名:e2_16\main.cpp
#include<iostream>                    //编译预处理命令
using namespace std;                  //使用命名空间 std

class String
{
```

```
private:
//数据成员
    char * strValue;                          //串值

public:
//公有成员
    String(char * s="")                       //构造函数
    {
        if (s==NULL) s="";                    //将空指针转化为空串
        strValue=new char[strlen(s)+1];       //分配存储空间
        strcpy(strValue, s);                  //复制串值
    }
    String(const String &copy)                //复制构造函数
    {
        strValue=new char[strlen(copy.strValue)+1];    //分配存储空间
        strcpy(strValue, copy.strValue);      //复制串值
    }
    ~String() { delete []strValue; }          //析构函数
    void Show() { cout<<strValue<<endl; }     //显示串

};

int main()                                    //主函数 main()
{
    String s1("test");                        //调用普通构造函数的生成对象 s1
    String s2(s1);                            //调用复制构造函数的生成对象 s2

    s1.Show();                                //显示串 s1
    s2.Show();                                //显示串 s2

    system("PAUSE");                          //调用库函数 system( ),输出系统提示信息
    return 0;                                 //返回值 0, 返回操作系统
}
```

程序运行时屏幕输出如下:

```
test
test
请按任意键继续 ...
```

定义复制构造函数后,例 2.16 将不会出现运行时错误。

2.8　用 const 保护数据

　　C++虽然提供了不少有效的措施增加数据的安全性,但是有些数据却可以通过不同方式进行访问,例如形参为变量的引用名,实参为变量名。有时无意之中的误操作会改变有关

数据,既要使数据能在一定范围内共享,又要保证它不被任意修改,这时可以使用 const,即把有关的数据定义为常量。

2.8.1 常对象成员

常对象成员包括常数据成员和常成员函数,用户可在声明类时将成员声明为 const。

1. 常数据成员

常数据成员的值是不能改变的。用关键字 const 来声明常数据成员。常数据成员只能通过构造函数的参数初始化表进行初始化。

例 2.17 常数据成员使用示例。

```
#include<iostream>                                    //编译预处理命令
using namespace std;                                  //使用命名空间 std

class Circle
{
private:
//数据成员
    double radius;                                   //半径
    const double PI;                                 //圆周率,常数据成员

public:
//公有成员
    Circle(double r): radius(r), PI(3.1415926){ }    //构造函数
    void SetRadius(double r) { radius=r; }           //设置半径
    void Show()                                      //输出信息
    {
        cout<<"半径:"<<radius<<"\t";                 //输出半径
        cout<<"面积:"<<PI * radius * radius<<endl;   //输出面积
    }
};

int main()                                           //主函数 main()
{
    Circle c(1);                                     //定义半径为 1 的圆
    c.Show();                                        //输出圆信息
    c.SetRadius(2);                                  //设置圆半径为 2
    c.Show();                                        //输出圆信息

    system("PAUSE");                                 //调用库函数 system(),输出系统提示信息
    return 0;                                        //返回值 0,返回操作系统
}
```

程序运行时屏幕输出如下:

半径:1 面积:3.14159

半径:2 面积:12.5664
请按任意键继续…

2. 常成员函数

如果将成员函数声明为常成员函数,则只能引用本类中的数据成员,而不能修改它们,例如只用于输出数据。在声明函数和定义函数时都要有 const 关键字,在调用时不加 const。

例 2.18 常数据成员与常成员函数示例。

```cpp
//文件路径名:e2_18\main.cpp
#include<iostream>                              //编译预处理命令
using namespace std;                            //使用命名空间 std

class Circle
{
private:
//数据成员
    double radius;                              //半径
    const double PI;                            //圆周率,常数据成员

public:
//公有成员
    Circle(double r): radius(r), PI(3.1415926){ }   //构造函数
    void SetRadius(double r) { radius=r; }          //设置半径
    double GetArea() const { return PI * radius * radius; } //返回面积,常成员函数
    void Show() const;                              //输出信息,常成员函数
};

void Circle::Show() const    //输出信息,常成员函数在定义时也要加 const
{
    cout<<"半径:"<<radius<<"\t";      //输出半径
    cout<<"面积:"<<GetArea()<<endl;  //输出面积
}

int main()                      //主函数 main()
{
    Circle c(1);                //定义半径为 1 的圆
    c.Show();                   //输出圆信息
    c.SetRadius(2);             //设置圆半径为 2
    c.Show();                   //输出圆信息

    system("PAUSE");            //调用库函数 system(),输出系统提示信息
    return 0;                   //返回值 0,返回操作系统
}
```

程序运行时屏幕输出如下:

半径:1 面积:3.14159
半径:2 面积:12.5664
请按任意键继续 ...

如果将成员函数 GetArea() 改为非常成员函数,则将会出现编译时错误,这是因为常成员函数 Show() 的函数体中只能调用常成员函数 GetArea(),读者可上机试试。

2.8.2 常对象

在定义对象时可用 const 指定对象为常对象。不能改变常对象中的数据成员的值,定义常对象的一般形式为:

类名 const 对象名;
类名 const 对象名(实参表);

也可以把 const 写在最左面:

const 类名 对象名;
const 类名 对象名(实参表);

常对象只能调用常成员函数,非常对象既可以调用非常成员函数,也可以调用常成员函数。

例 2.19 常对象示例。

```cpp
//文件路径名:e2_19\main.cpp
#include<iostream>                              //编译预处理命令
using namespace std;                            //使用命名空间 std

class Circle
{
private:
//数据成员
    double radius;                              //半径
    const double PI;                            //圆周率,常数据成员

public:
//公有成员
    Circle(double r): radius(r), PI(3.1415926){ }   //构造函数
    void SetRadius(double r) { radius=r; }          //设置半径
    double GetArea() const { return PI * radius * radius; }
                                                //返回面积,常成员函数
    void Show();                                //输出信息,非常成员函数
    void Show() const;                          //输出信息,常成员函数
};

void Circle::Show()                             //输出信息,非常成员函数
{
    cout<<"非常成员函数:";
    cout<<"半径:"<<radius<<"\t";                //输出半径
    cout<<"面积:"<<GetArea()<<endl;             //输出面积
}
```

```
void Circle::Show() const              //输出信息,常成员函数在定义时也要加 const
{
    cout<<"常成员函数:";
    cout<<"半径:"<<radius<<"\t";       //输出半径
    cout<<"面积:"<<GetArea()<<endl;    //输出面积
}

int main()                             //主函数 main()
{
    Circle c1(1);                      //定义半径为 1 的圆
    c1.Show();                         //输出圆信息,调用非常成员函数
    const Circle c2(2);                //定义半径为 2 的圆常对象
    c2.Show();                         //输出圆信息,调用常成员函数

    system("PAUSE");                   //调用库函数 system(),输出系统提示信息
    return 0;                          //返回值 0,返回操作系统
}
```

程序运行时屏幕输出如下:

```
非常成员函数:半径:1      面积:3.14159
常成员函数:半径:2       面积:12.5664
请按任意键继续...
```

从上面的程序可以看出,函数名与形参表完全相同的常成员函数与非常成员函数可以进行重载,非常对象优先调用非常成员函数。

有时在编程时有要求,一定要修改常对象中的某个数据成员的值,或常成员函数一定要修改某个数据成员的值,例如类中有一个用于计数的变量 count,其值应当能不断变化,ANSI C++ 对此作了特殊的处理,对该数据成员声明为 mutable,如:

```
mutable int count;
```

把 count 声明为易可变的数据成员,这样即使是常对象,常成员函数也以修改它的值。

例 2.20 使用 mutable 的程序示例。

```
//文件路径名:e2_20\main.cpp
# include<iostream>                    //编译预处理命令
using namespace std;                   //使用命名空间 std

class MyTest
{
private:
//数据成员
    mutable int count;                 //用于计数
```

```cpp
public:
//公有成员
    MyTest(): count(0){ }                    //构造函数
    void Show() const                        //输出信息，常成员函数
    { cout<<"第"<<++count<<"次调用 void Show() const 函数"<<endl; }
};

int main()                                   //主函数 main()
{
    MyTest a;                                //定义非常对象 a
    cout<<"非常对象 a:"<<endl;
    a.Show();                                //第 1 次调用 a.Show()
    a.Show();                                //第 2 次调用 a.Show()

    const MyTest b;                          //定义常对象 b
    cout<<endl<<"常对象 b:"<<endl;
    b.Show();                                //第 1 次调用 b.Show()
    b.Show();                                //第 2 次调用 b.Show()

    system("PAUSE");                         //调用库函数 system(),输出系统提示信息
    return 0;                                //返回值 0, 返回操作系统
}
```

程序运行时屏幕输出如下：

非常对象 a:
第 1 次调用 void Show() const 函数
第 2 次调用 void Show() const 函数

常对象 b:
第 1 次调用 void Show() const 函数
第 2 次调用 void Show() const 函数
请按任意键继续...

2.8.3 对象的常引用

如果函数形参为变量的引用名,而实参为变量名,则在调用函数时,形参就是实参的引用,也就是形参与实参具有相同的存储地址,如果函数中不能改变实参的值,需要常引用作函数参数。这样既能保证数据安全,使数据不能被随意修改,在调用函数时又不必建立实参的拷贝。用常引用作函数参数,可以提高程序运行效率。

例 2.21 对象的常引用的程序示例。

```cpp
//文件路径名:e2_21\main.cpp
#include<iostream>                           //编译预处理命令
using namespace std;                         //使用命名空间 std
```

```
class Box
{
private:
//数据成员
    double length;                                  //长
    double width;                                   //宽

public:
//公有成员
    Box(double l, double w): length(l), width(w){ }  //构造函数
    double GetLength() const { return length; }      //返回长
    double GetWidth() const { return width; }        //返回宽
};

void Show(const Box &b)                              //输出长方形信息
{
    cout<<"长:"<<b.GetLength()<<endl;                //输出长
    cout<<"宽:"<<b.GetWidth()<<endl;                 //输出宽
}

int main()                                           //主函数 main()
{
    Box b(12, 8);                                    //定义长方形对象 b;
    Show(b);                                         //输出长方形信息

    system("PAUSE");       //调用库函数 system( ),输出系统提示信息
    return 0;                                        //返回值 0,返回操作系统
}
```

程序运行时屏幕输出如下:

长:12
宽:8
请按任意键继续...

注意：为提高程序运行效率与程序的可读性,建议所有对象作为形参时都设计为对象的引用,如果期望函数不改变参数的值,都设计为对象的常引用。

2.9 友　　元

在一个类中可以有公有(public)成员、保护(protected)成员和私有(private)成员,在类外可以访问公有成员,本类中的成员函数可以访问本类的保护成员和私有成员。这样提高了数据的安全性,但为能处理保护成员和私有成员,只能通过公有函数间接地进行操作,往往以增加公有函数为代价,同时公有函数会增加用户的记忆负担和使用难度,在 C++ 中,使用友元(friend)可以访问类的保护成员与私有成员,这样编序更方便,友元包括友元函数和

友元类。

面向对象程序设计的一个基本原则是封装性和信息隐蔽，友元却可以访问其他类中的保护成员和私有成员，实际上是对封装原则的一个小破坏。因此只有使用友元能使程序精练，并能大大提高程序的效率时才用友元。

2.9.1 友元函数

如果在某个类以外的其他地方定义了一个函数（这个函数可以是不属于任何类的非成员函数，也可以是其他类的成员函数），在对这个类进行声明时在类体中用 friend 对此函数进行声明，此函数就称为本类的友元函数。一个类的友元函数可以访问这个类中的护保成员和私有成员。

1. 将普通函数声明为友元函数

将普通函数声明为友元函数是在类体中采用如下方式声明：

friend 返回值类型 函数名(形参表);

下面通过示例加以说明。

例 2.22 将普通函数声明为友元函数的程序示例。

```cpp
//文件路径名:e2_22\main.cpp
#include<iostream>                                    //编译预处理命令
using namespace std;                                   //使用命名空间 std

class Date
{
private:
//数据成员
    int year;                                          //年
    int month;                                         //月
    int day;                                           //日

public:
//公有成员
    Date(int y, int m, int d): year(y), month(m), day(d) { }  //构造函数
    friend void Show(const Date &dt);                  //输出日期,声明为友元
};


void Show(const Date &dt)                              //输出日期
{
    cout<<dt.year<<"年"<<dt.month<<"月"<<dt.day<<"日"<<endl;
}


int main()                                             //主函数 main()
{
    Date dt(2009, 6, 18);                              //定义日期对象 dt;
```

```
    Show(dt);                          //输出日期

    system("PAUSE");                   //调用库函数 system( ),输出系统提示信息
    return 0;                          //返回值 0,返回操作系统
}
```

程序运行时屏幕输出如下：

2009 年 6 月 18 日
请按任意键继续…

友元函数 Show()在类体中采用 friend 方式加以声明,在类体外定义时并未用类 Date
作限定,Show()是非成员函数,不属于任何类。它的作用是输出日期。如果在 Date 类的类
体中未声明 Show()函数为友元函数,则在定义 Show()时不能直接引用 Date 类的私有成员
year,month 和 day。

＊2. 将另一个类的成员函数声明为一个类的友元函数

友元函数不仅可以是一般函数(非成员函数),还可以是另一个类中的成员函数,声明形
方式如下：

```
friend 返回值类型 类名::函数名(形参表);
```

例 2.23　将另一个类的成员函数声明为一个类的友元函数的程序示例。

```
//文件路径名:e2_23\main.cpp
#include<iostream>                     //编译预处理命令
using namespace std;                   //使用命名空间 std

class Person;                          //对类 Person 的提前引用声明

//声明夫妻类
class Spouse
{
private:
//数据成员
    Person * pHusband;                 //丈夫
    Person * pWife;                    //妻子

public:
//公有成员
    Spouse(const Person &hus, const Person &wf);        //构造函数
    ~Spouse() { delete pHusband; delete pWife; }        //析构函数
    void Show() const;                                  //输出信息
};

class Person
{
private:
```

```cpp
//数据成员
    char name[18];                                      //姓名
    int age;                                            //年龄
    char sex[3];                                        //性别

public:
//公有成员
    Person(char * nm, int ag, char * sx): age(ag)       //构造函数
    { strcpy(name, nm); strcpy(sex, sx); }
    void Show() const                                   //输出信息
    { cout<<name<<" "<<age<<"岁 "<<sex<<endl; }
    friend void Spouse::Show() const;       //声明类 Spouse 的成员函数 Show()为类
                                            //Person 的友元函数
};

Spouse::Spouse(const Person &hus, const Person &wf)     //Spouse 类的构造函数
{
    pHusband=new Person(hus);                           //为丈夫对象分配存储空间
    pWife=new Person(wf);                               //为妻子对象分配存储空间
}

void Spouse::Show() const                               //输出信息
{
    cout<<"丈夫:"<<pHusband->name<<" "<<pHusband->age<<"岁"<<endl;
    cout<<"妻子:"<<pWife->name<<" "<<pWife->age<<"岁"<<endl;
}

int main()                              //主函数 main()
{
    Person huf("张强", 32, "男");       //定义丈夫对象
    Person wf("吴珊", 28, "女");        //定义妻子对象
    Spouse sp(huf, wf);                 //定义夫妻对象

    huf.Show();                         //输出丈夫信息
    wf.Show();                          //输出妻子信息
    sp.Show();                          //输出夫妻信息

    system("PAUSE");                    //调用库函数 system( ),输出系统提示信息
    return 0;                           //返回值 0, 返回操作系统
}
```

程序运行时屏幕输出如下:

张强 32 岁 男
吴珊 28 岁 女
丈夫:张强 32 岁

妻子:吴珊 28 岁

请按任意键继续…

本例中定义了两个类 Person 和 Spouse。程序第 4 行"class Person;"是对 Person 类的提前引用声明,这是因为在类 Spouse 的声明中要用类 Person,而对 Person 类的具体声明却在后面。为解决这个问题,C++ 允许对类作"提前引用"的声明,即在正式声明一个类之前,先声明一个类名,表示此类将在稍后声明。程序第 4 行就是提前引用声明,它只包含类名,不包括类体。如果没有第 4 行,程序编译就会出错。有了第 4 行,在编译时,编译系统会从中得知 Person 是一个类名,此类将在稍后具体声明。

在一般情况下,类必须先声明,然后才能使用它。但是在特殊情况下(如上面例子),在正式声明类之前,需要使用该类,这时可采用提前引用声明来解决问题。但是应当注意:类的提前声明的使用范围是有限的。只有在正式声明一个类以后才能用它去定义类对象,在类 Spouse 的数据成员中,不能直接用 Person 定义对象作数据成员,只能用 Person 的指针作数据成员,也就是说,如果将 Spouse 的数据成员改为:

```
Person husband;                        //丈夫
Person wife;                           //妻子
```

这时将会在编译时出错,这是因为在定义对象时是要为这些对象分配存储空间的,在正式声明类之前,编译系统无法确定应为对象分配多大的空间。编译系统只有在"见到"类体后,才能确定应该为对象预留多大的空间。在对一个类作了提前引用声明后,可以用该类的名字去定义指向该类型对象的指针变量或对象的引用。这是因为指针变量和引用本身的"大小"是固定的,与它所指向的类对象的大小无关。

*2.9.2　友元类

不但可以将一个函数声明为一个类的友元,还可以将一个类声明为另一个类的友元类。例如将 B 类声明为 A 类的友元类。这时友元类 B 中的所有成员函数都是 A 类的友元函数,可以访问 A 类中的所有成员。

声明友元类的一般形式为:

```
friend class 类名;
```

可以将例 2.23 中的 Spouse 类声明为 Person 类的友元类,这样 Spouse 中的所有成员函数都可以访问 Person 类中的所有成员。

例 2.24 将类 Spouse 声明为类 Person 的友元类方式来改为例 2.23 的程序。

```
//文件路径名:e2_24\main.cpp
#include<iostream>                      //编译预处理命令
using namespace std;                    //使用命名空间 std

class Person;                           //对类 Person 的提前引用声明

//声明夫妻类
class Spouse
```

```
{
private:
//数据成员
    Person * pHusband;                              //丈夫
    Person * pWife;                                 //妻子

public:
//公有成员
    Spouse(const Person &hus, const Person &wf);    //构造函数
    ~Spouse() { delete pHusband; delete pWife; }    //析构函数
    void Show() const;                              //输出信息
};

class Person
{
private:
//数据成员
    char name[18];                                  //姓名
    int age;                                        //年龄
    char sex[3];                                    //性别

public:
//公有成员
    Person(char * nm, int ag, char * sx): age(ag)   //构造函数
    { strcpy(name, nm); strcpy(sex, sx); }
    void Show() const                               //输出信息
    { cout<<name<<" "<<age<<"岁 "<<sex<<endl; }
    friend class Spouse;                            //声明类 Spouse 为类 Person 的友元类
};

Spouse::Spouse(const Person &hus, const Person &wf)  //Spouse 类的构造函数
{
    pHusband=new Person(hus);                       //为丈夫对象分配存储空间
    pWife=new Person(wf);                           //为妻子对象分配存储空间
}

void Spouse::Show() const                           //输出信息
{
    cout<<"丈夫:"<<pHusband->name<<" "<<pHusband->age<<"岁"<<endl;
    cout<<"妻子:"<<pWife->name<<" "<<pWife->age<<"岁"<<endl;
}

int main()                                          //主函数 main()
{
    Person huf("张强", 32, "男");                    //定义丈夫对象
```

```
    Person wf("吴珊", 28, "女");          //定义妻子对象
    Spouse sp(huf, wf);                   //定义夫妻对象

    huf.Show();                           //输出丈夫信息
    wf.Show();                            //输出妻子信息
    sp.Show();                            //输出夫妻信息

    system("PAUSE");                      //调用库函数 system( ),输出系统提示信息
    return 0;                             //返回值 0,返回操作系统
}
```

程序运行时屏幕输出如下:

张强 32 岁 男
吴珊 28 岁 女
丈夫:张强 32 岁
妻子:吴珊 28 岁
请按任意键继续...

在本例中,还可以先正式声明类 Person,再正式声明类 Spouse,这时可将 Spouse 的数据成员改为:

```
Person husband;                          //丈夫
Person wife;                             //妻子
```

这样程序可读性更强,程序具体实现如下:

```
//文件路径名:e2_24_2\main.cpp
#include<iostream>                        //编译预处理命令
using namespace std;                      //使用命名空间 std

class Spouse;                             //对夫妻类 Spouse 的提前引用声明

class Person
{
private:
//数据成员
    char name[18];                       //姓名
    int age;                             //年龄
    char sex[3];                         //性别

public:
//公有成员
    Person(char * nm, int ag, char * sx): age(ag) //构造函数
    { strcpy(name, nm); strcpy(sex, sx); }
    void Show() const                    //输出信息
    { cout<<name<<" "<<age<<"岁 "<<sex<<endl; }
    friend class Spouse;                 //声明类 Spouse 为类 Person 的友元类
```

· 54 ·

```
};

class Spouse
{
private:
//数据成员
    Person husband;                         //丈夫
    Person wife;                            //妻子

public:
//公有成员
    Spouse(const Person &hus, const Person &wf): husband(hus), wife(wf){ }
                                            //构造函数
    void Show() const;                      //输出信息
};

void Spouse::Show() const                   //输出信息
{
    cout<<"丈夫:"<<husband.name<<" "<<husband.age<<"岁"<<endl;
    cout<<"妻子:"<<wife.name<<" "<<wife.age<<"岁"<<endl;
}

int main()                                  //主函数 main()
{
    Person huf("张强", 32, "男");           //定义丈夫对象
    Person wf("吴珊", 28, "女");            //定义妻子对象
    Spouse sp(huf, wf);                     //定义夫妻对象

    huf.Show();                             //输出丈夫信息
    wf.Show();                              //输出妻子信息
    sp.Show();                              //输出夫妻信息

    system("PAUSE");                        //调用库函数 system( ),输出系统提示信息
    return 0;                               //返回值 0, 返回操作系统
}
```

如果将上面程序中的：

```
friend class Spouse;                        //声明类 Spouse 为类 Person 的友元类
```

改为：

```
friend void Spouse::Show() const;           //声明类 Spouse 的成员函数 Show()为类
                                            //Person 的友元函数
```

将会出现编译时错误,这是因为在声明类 Spouse 的成员函数 Show()为友元成员函数时,还没有正式声明类 Spouse,编译系统无法确定 Spouse 是否有成员函数 Show()。

2.10 静 态 成 员

关键字 static 可以用于说明一个类的成员(包括数据成员和成员函数),这样的成员称
为静态成员。

2.10.1 静态数据成员

在一个类中,若在一个数据成员声明前加上 static,则该数据成员称为静态数据成员,静
态数据成员被该类的所有对象共享。无论建立多少个该类的对象,都只有一个静态数据成
员的存储空间。

静态数据成员的声明一般格式如下:

static 类型名 数据成员名;

静态数据成员属于类,而不属于对象;静态数据成员的访问权限也分为公有、保护和私
有访问权限,在类外只能访问公有静态数据成员,访问方式为:

类名::静态数据成员名

说明:有些 C++ 编译器可采用对象名来访问静态数据成员,这时的访问方式为:

对象名.静态数据成员名

由于这种方式不具有通用性,建议读者不加以使用。

在类内可以直接访问所有的静态数据成员,类的静态数据成员必须在类外进行初始化,
初始化方式为:

类型名 类名::静态数据成员名=初始值;

如果只声明了类而未定义对象,将为静态数据成员分配存储空间,但对类的非静态数据
成员不分配存储空间,只有在定义对象后,才为对象的非静态数据成员分配空间。

例 2.25 使用静态数据成员的示例。

```cpp
//文件路径名:e2_25\main.cpp
#include<iostream>                    //编译预处理命令
using namespace std;                  //使用命名空间 std

//声明学生类
class Student
{
private:
//数据成员
    int num;                         //学号
    char name[18];                   //姓名
    int age;                         //年龄
    char sex[3];                     //性别
```

```
public:
//公有成员
    static int count;                              //记数器
    Student(char * nm, int ag, char * sx): age(ag)     //构造函数
    { strcpy(name, nm); strcpy(sex, sx); num=1000+count++; }
    void Show() const                              //输出信息
    {
        cout<<num<<"\t"<<name<<"\t"<<age<<"岁\t"<<sex<<endl;
            //输出学号,姓名,年龄和性别
    }
};

int Student::count=0;                              //初始化静态数据成员 count

int main()                                         //主函数 main()
{
    Student st1("张强", 32, "男");                  //定义对象 st1
    Student st2("吴珊", 28, "女");                  //定义对象 st2
    Student st3("吴倩", 23, "女");                  //定义对象 st3

    st1.Show();                                    //输出 st1 的信息
    st2.Show();                                    //输出 st2 的信息
    st3.Show();                                    //输出 st3 的信息
    cout<<"共有 "<<Student::count<<"个学生"<<endl;   //输出学生人数

    system("PAUSE");                               //调用库函数 system( ),输出系统提示信息
    return 0;                                       //返回值 0, 返回操作系统
}
```

程序运行时屏幕输出如下:

```
1000 张强 32 岁 男
1001 吴珊 28 岁 女
1002 吴倩 23 岁 女
共有 3 个学生
请按任意键继续...
```

在本例中,静态数据成员 count 初始化为 0,在构造函数中 count 的值将自加 1,由于每个对象都自动调用构造函数,可知 count 的值为对象的个数,用静态数据成员作为计数器是静态数据成员的常用使用方法。

2.10.2　静态成员函数

成员函数也能被声明为静态成员函数。静态成员函数只属于类。因此,在类外调用一个静态成员函数不需要指明对象。静态成员函数的声明一般方式为:

```
static 返回值类型 函数名(形参表);
```

在类外调用静态成员函数的方式为:

类名::静态成员函数名(实参表)

说明: 有些 C++ 编译器可采用对象名来调用静态成员函数,这时的调用方式为:

对象名.静态成员函数名(实参表)

在类内,采用直接调用静态成员函数的方式使用静态成员函数。

静态成员函数只能直接引用静态数据成员,而不能直接引用非静态数据成员。

例 2.26 使用静态成员的示例。

```cpp
//文件路径名:e2_25\main.cpp
#include<iostream>                              //编译预处理命令
using namespace std;                            //使用命名空间 std

//声明学生类
class Student
{
private:
//数据成员
    int num;                                    //学号
    char name[18];                              //姓名
    int age;                                    //年龄
    char sex[3];                                //性别
    static int count;                           //记数器

public:
//公有成员
    Student(char * nm, int ag, char * sx): age(ag)    //构造函数
    { strcpy(name, nm); strcpy(sex, sx); num=1000+count++; }
    void Show() const                           //输出信息
    {
        cout<<num<<"\t"<<name<<"\t"<<age<<"岁\t"<<sex<<endl;
                                  //输出学号,姓名,年龄和性别
    }
    static int GetCount()               //返回学生人数
    {
        //num=0;                        //错,静态成员函数不能直接引用非静态数据成员
        return count;                   //返回 count
    }
};

int Student::count=0;                           //初始化静态数据成员 count

int main()                                      //主函数 main()
{
```

```
    Student st1("张强", 32, "男");                    //定义对象 st1
    Student st2("吴珊", 28, "女");                    //定义对象 st2
    Student st3("吴倩", 23, "女");                    //定义对象 st3

    st1.Show();                                      //输出 st1 的信息
    st2.Show();                                      //输出 st2 的信息
    st3.Show();                                      //输出 st3 的信息
    cout<<"共有"<<Student::GetCount()<<"个学生"<<endl;   //输出学生人数

    system("PAUSE");                        //调用库函数 system(),输出系统提示信息
    return 0;                               //返回值 0,返回操作系统
}
```

程序运行时屏幕输出如下:

1000 张强 32 岁 男
1001 吴珊 28 岁 女
1002 吴倩 23 岁 女
共有 3 个学生
请按任意键继续 ...

2.11 this 指针

类的成员函数的代码与类的对象是分开存放的,成员函数的代码在内存中只有一份拷贝,当类的不同对象调用成员函数时,为使成员函数知道是对类的哪个对象进行操作,C++为非静态成员函数提供了一个名字为 this 的隐含指针,当创建一个类的对象时,系统就会自动生成一个 this 指针,并且将 this 指针的值初始化为该对象的地址。当非静态成员函数通过某个对象被调用时,this 将指向这个对象。

对于 C++ 类的静态成员函数,由于静态成员函数是类的一部分,而不是对象的一部分,因此静态成员函数内不含 this 隐含指针。

例 2.27 this 的功能与使用方法示例。

```
//文件路径名:e2_27\main.cpp
#include<iostream>                          //编译预处理命令
using namespace std;                        //使用命名空间 std

class Point
{
private:
//数据成员
    double x;                               //x 坐标
    double y;                               //y 坐标
    static int count;                       //计数器
```

```
public:
//公有函数
    Point(double a=0, double b=0) : x(a), y(b) { count++; }    //构造函数
    void Set(double x, double y);                    //设置坐标
    void Show();                                     //输出信息
    static int GetCount();                           //返回 count 值
};

void Point::Set(double x, double y)                  //设置坐标
{
    this->x=x;                                       //调置 x 坐标
    this->y=y;                                       //调置 y 坐标
}

void Point::Show()                                   //输出信息
{
    cout<<"this="<<this<<endl;                       //输出 this 的值
    cout<<"("<<x<<","<<y<<")"<<endl;                 //输出坐标
}

int Point::GetCount()                                //返回 count 值
{
    //return this->count;                            //错,在静态成员函数内部没有 this 指针
    return count;                                    //返回 count 值
}

int Point::count=0;                                  //初始化静态数据成员

int main()                                           //主函数 main()
{
    Point u(1, 6), v;                                //定义对象

    cout<<"u 的地址="<<&u<<endl;                     //输出 u 的地址
    u.Show();                                        //输出 u 的信息
    cout<<endl;                                      //换行

    v.Set(6, 18);                                    //设置坐标值
    cout<<"v 的地址="<<&v<<endl;                     //输出 v 的地址
    v.Show();                                        //输出 v 的信息

    cout<<endl<<"共有"<<Point::GetCount()<<"个对象"<<endl;    //输出对象个数

    system("PAUSE");                                 //调用库函数 system(),输出系统提示信息
    return 0;                                        //返回值 0,返回操作系统
}
```

程序运行时屏幕输出如下：

u 的地址=0013FF70

this=0013FF70

(1,6)

v 的地址=0013FF60

this=0013FF60

(6,18)

共有 2 个对象

请按任意键继续...

上面的运行结果表明：this 指针的值与对象的地址相同，程序中的成员函数 Set() 的形参与数据成员名相同，在如下的函数定义中：

```
void Point::Set(double x, double y)          //设置坐标
{
    this->x=x;                               //调置 x 坐标
    this->y=y;                               //调置 y 坐标
}
```

由于在函数体中，当形参与数据成员相同时，形参优先，即数据成员将被隐藏，这时为操作数据成员，可使用 this 指针，this 指向当前对象，this->x 与 this->y 表示当前对象的数据成员。

2.12　程　序　陷　阱

1. 类声明

在类声明时，最容易出错的地方是忘记类声明中应以分号";"作为结束标志。例如：

```
class Point
{
private:
//数据成员
    double x;                         //x 坐标
    double y;                         //y 坐标

public:
//公有成员
    Point(double a=0, double b=0)     //错,成员函数声明时应以分号";"结束
    ...
}                                     //错,类声明中应以分号";"作为结束标志
```

2. 类和结构体类型的异同

C++ 允许用 struct 来定义一个类类型。可以将前面用关键字 class 声明的类类型改为

用关键字 struct 来声明一个类;用 struct 声明的类,如果对成员不作访问权限声明,系统将默认为 public(公有)访问权限。用 class 声明的类,如果不作访问权限声明,系统将其成员默认为 private(私有)访问权限。

如果希望成员是公有的,使用 struct 比较方便,如果希望部分成员是私有的,用 class 比较方便。建议读者尽量使用 class 来声明类。

3. 对象的初始化

类的数据成员不能在声明类时进行初始化。下面的写法是错误的:

```
class Point
{
private:
//数据成员
    double x=0;                    //x 坐标,错,不能在声明类时初始化数据成员
    double y=0;                    //y 坐标,错,不能在声明类时初始化数据成员
    ......
};
```

4. 程序运行完成

在 Visual C++ 6.0 和 MinGW Developer Studio 环境中,程序运行完后将暂停,用户按任意键后退回到开发环境中,而在 Visual C++ 2005、Visual C++ 2005 Express 和 Dev-C++ 环境中,程序运行完后不再暂停,直接退回到开发环境中。

2.13 习　题

一、选择题

1. 下列选项中,不属于面向对象程序设计特征的是_____。

    A) 继承性　　　　B) 多态性　　　　C) 类比性　　　　D) 封装性

2. 在面向对象方法中,实现信息隐蔽是依靠_____。

    A) 对象的继承　　B) 对象的多态　　C) 对象的封装　　D) 对象的分类

3. 下列关于类和对象的叙述中,错误的是_____。

    A) 一个类只能有一个对象

    B) 对象是类的具体实例

    C) 类是某一类对象的抽象

    D) 类和对象的关系就像数据类型和变量的关系

4. 有以下类声明:

```
class MyClass{ int num; };
```

    则 MyClass 类的成员 num 是_____。

    A) 公有数据成员　　　　　　　　　B) 公有成员函数

    C) 私有数据成员　　　　　　　　　D) 私有成员函数

5. 在下列函数原型中,可以作为类 AA 构造函数的是_____。

    A) void AA(int);　　　　　　　　　B) int AA();

    C) AA(int) const　　　　　　　　　D) AA(int);

6. 下列关于 this 指针的叙述中,正确的是_____。

    A) 任何与类相关的函数都有 this 指针

    B) 类的成员函数都有 this 指针

    C) 类的友元函数都有 this 指针

    D) 类的非静态成员函数才有 this 指针

7. 有以下程序:

```
//文件路径名:ex2_1_7\main.cpp
#include<iostream>                          //编译预处理命令
using namespace std;                        //使用命名空间 std

class Test
{
private:
    static int n;                           //静态成员

public:
    Test() { n+=2; }                        //构造函数
    ~Test() { n -=3; }                      //析构函数
    static int GetNum() { return n; }       //返回 n
};

int Test::n=1;                              //初始化 n

int main()                                  //主函数 main()
{
    Test * p=new Test;                      //定义指针 p
    delete p;                               //释放 p 指向的动太对象
    cout<<"n="<<Test::GetNum()<<endl;       //输出 n

    return 0;                               //返回值 0,返回操作系统
}
```

执行后的输出结果是_____。

    A) n=0   B) n=1   C) n=2   D) n=3

8. 有以下程序:

```
//文件路径名:ex2_1_8\main.cpp
#include<iostream>                          //编译预处理命令
using namespace std;                        //使用命名空间 std

class MyClass
{
private:
```

```
        int n;                              //数据成员

    public:
        MyClass(int k) : n(k) {}            //构造函数
        int Get() { return n; }             //返回 n
        int Get() const { return n+1; }     //返回 n+1
    };

    int main()                              //主函数 main()
    {
        MyClass a(5);                       //定义对象 a
        const MyClass b(6);                 //定义对象 b
        cout<<a.Get()<<b.Get()<<endl;       //输出信息

        return 0;                           //返回值 0, 返回操作系统
    }
```

运行后的输出结果是_____。

    A) 55   B) 57   C) 75   D) 77

9. 由于常对象不能被更新,因此_____。

    A) 通过常对象只能调用它的常成员函数

    B) 通过常对象只能调用静态成员函数

    C) 常对象的成员都是常成员

    D) 通过常对象可以调用任何不改变对象值的成员函数

10. 下列情况中,不会调用复制构造函数的是_____。

    A) 用一个对象去初始化同一类的另一个新对象时

    B) 将类的一个对象赋予该类的另一个对象时

    C) 函数的形参是类的对象,调用函数进行形参和实参结合时

    D) 函数的返回值是类的对象的引用,函数执行返回调用时

11. 以下关键字不能用来声明类的访问权限的是_____。

    A) public   B) static   C) protected   D) private

12. 有以下程序:

```
//文件路径名:ex2_1_12\main.cpp
#include<iostream>                          //编译预处理命令
using namespace std;                        //使用命名空间 std

class MyClass
{
public:
    MyClass() { cout<<"A"; }                //无参构造函数
    MyClass(char c) { cout<<c; }            //带参构造函数
    ~MyClass() { cout<<"B"; }               //析构函数
};
```

```
int main()                          //主函数 main()
{
    MyClass a, * p;                 //定义变量
    p=new MyClass('X');             //分配动态空间
    delete p;                       //释放动态空间
    cout<<endl;                     //换行

    return 0;                       //返回值 0,返回操作系统
}
```

执行这个程序,屏幕上将显示输出_____。

A) ABX   B) ABXB   C) ABXB   D) AXBB

13. 有以下程序:

```
//文件路径名:ex2_1_13\main.cpp
#include<iostream>                  //编译预处理命令
using namespace std;                //使用命名空间 std

class Test
{
public:
    static int a;                   //静态成员
    void Init() { a=1; }            //初始化函数
    Test(int a=6) { Init(); a++;}   //构造函数
};

int Test::a=0;                      //初始化 a
Test obj;                           //定义全局对象

int main()                          //主函数 main()
{
    cout<<obj.a<<endl;              //输出 a

    return 0;                       //返回值 0,返回操作系统
}
```

运行时输出的结果是_____。

A) 0   B) 1   C) 2   D) 3

14. 有以下程序:

```
//文件路径名:ex2_1_14\main.cpp
#include<iostream>                          //编译预处理命令
using namespace std;                        //使用命名空间 std

class Test
{
```

65

```
private:
    long x;                                         //私有数据成员
public:
    Test(long a): x(a) { }                          //构造函数
    friend long Fun(Test s);                        //友元
};

long Fun(Test s)
{
    if (s.x<=1 ) return 1;                          //递归结束
    else return s.x * Fun(Test(s.x -1));            //递归调用
}
int main()                                          //主函数 main()
{
    int sum=0;                                      //定义变量
    for (int i=0; i<6; i++)
        sum+=Fun(Test(i));                          //累加求和
    cout<<sum<<endl;                                //输出 sum

    return 0;                                       //返回值 0,返回操作系统
}
```

运行后的输出结果是_____。

A) 120   B) 16   C) 154   D) 34

15. 有以下程序：

```
//文件路径名:ex2_1_15\main.cpp
#include<iostream>                                  //编译预处理命令
using namespace std;                                //使用命名空间 std

class Test
{
private:
    int a;                                          //数据成员

public:
    Test() { cout<<"无参构造函数"<<endl; }           //无参构造函数
    Test(int a) { cout<<a<<endl; }                  //带参构造函数
    Test(const Test &copy): a(copy.a) { cout<<"复制构造函数"<<endl; }
                                                    //复制构造函数
    ~Test() { cout<<"析构函数"<<endl; }              //析构函数
};

int main()                                          //主函数 main()
{
    Test a(3);                                      //定义对象
```

```
        return 0;                                    //返回值 0, 返回操作系统
    }
```

运行输出结果是_____。

A) 3   B) 无参构造函数   C) 复制构造函数   D) 3
                  析构函数   析构函数   析构函数

16. 有以下程序：

```
//文件路径名:ex2_1_16\main.cpp
#include<iostream>                                   //编译预处理命令
using namespace std;                                 //使用命名空间 std

class MyClass
{
private:
    int n;                                           //数据成员

public:
    MyClass(int m): n(m) {}                          //构造函数
    void Print() const { cout<<"const:n="<<n<<" "; } //常成员函数
    void Print() { cout<<"n="<<n<<" "; }             //非常成员函数
};

int main()                                           //主函数 main()
{
    const MyClass obj1(10);                          //常对象
    MyClass obj2(20);                                //非常对象
    obj1.Print();                                    //输出信息
    obj2.Print();                                    //输出信息
    cout<<endl;                                      //换行

    return 0;                                        //返回值 0, 返回操作系统
}
```

程序的输出结果是_____。

A) n＝10 const:n＝20   B) const:n＝10 const:n＝20
C) const:n＝10 n＝20   D) n＝10 n＝20

二、填空题

1. 在面向对象方法中，_____描述的是具有相同属性与操作的一组对象。

2. 非成员函数应声明为类的_____函数才能访问这个类的 private 成员。

3. 下列程序的输出结果为：

0

1

试将程序补充完整。

```cpp
//文件路径名:ex2_2_3\main.cpp
#include<iostream>                              //编译预处理命令
using namespace std;                            //使用命名空间 std
class Point
{
private:
    int x, y;                                   //坐标
    static int count;                           //静态数据成员

public:
    Point(int m=0, int n=0): x(m), y(n) { count++; } //构造函数
    ~Point() { count--; }                       //析构函数
    int GetX() const { return x; }              //返回 x
    int GetY() const { return y; }              //返回 y
    static void ShowCount() { cout<<count<<endl; } //输出 count
};

_____                               //静态数据成员的初始化

int main()                                      //主函数 main()
{
    Point::ShowCount();                         //输出 count
    Point a(6, 8);                              //定义对象
    Point::ShowCount();                         //输出 count

    system("PAUSE");                            //调用库函数 system( ),输出系统提示并返回操作系统
    return 0;                                    //返回值 0, 返回操作系统
}
```

4. 有以下类声明:

```cpp
class MyClass
{
    int i;

private:
    int j;

protected:
    int k;

public:
    int m, n;
};
```

其中私有成员的数量是_____。

5. 有以下程序：

```cpp
//文件路径名:ex2_2_5\main.cpp
#include<iostream>                    //编译预处理命令
using namespace std;                  //使用命名空间 std

class Integer
{
private:
    int n;                           //数据成员

public:
    Integer(int n=0) {_____=n; }  //构造函数
    void Show() const { cout<<n<<endl; } //输出 n
};

int main()                           //主函数 main()
{

    Integer i;                       //定义对象 i
    i.Show();                        //输出信息

    system("PAUSE");                 //调用库函数 system( ),输出系统提示并返回操作系统
    return 0;                        //返回值 0, 返回操作系统
}
```

6. 有以下程序：

```cpp
//文件路径名:ex2_2_6\main.cpp
#include<iostream>                    //编译预处理命令
using namespace std;                  //使用命名空间 std

class A
{
public:
    A() { cout<<"A"; }               //构造函数
    ~A() { cout<<"~ A"; }            //析构函数
};

int main()                           //主函数 main()
{
    A * p=new A;                     //定义指针
    delete p;                        //释放动态空间
    cout<<endl;                      //换行
```

```
        system("PAUSE");          //调用库函数 system( ),输出系统提示并返回操作系统
        return 0;                 //返回值 0, 返回操作系统
}
```

程序的输出结果是_____。

三、编程题

1. 定义一个满足如下要求的 Date 类。

（1）用下面的格式输出日期：

　　年-月-日

（2）设置日期。

并编出应用程序，定义日期对象，设置日期，输出该对象提供的日期。

2. 定义一个时间类 Time，能提供和设置由时、分、秒组成的时间，并编出应用程序，定义时间对象，设置时间，输出该对象提供的时间。

*3. 编写设计一个 People（人）类。该类的数据成员有姓名（name）、年龄（age）、身高（height）、体重（weight）和人数（num），其中人数为静态数据成员，成员函数有构造函数（People）、进食（Eating）、运动（Sporting）、显示（Show）和显示人数（ShowNum）。其中构造函数由已知参数姓名（nm）、年龄（a）、身高（h）和体重（w）构造对象，进食函数使体重加1，运动函数使身高加1，显示函数用于显示人的姓名、年龄、身高、体重，显示人数函数为静态成员函数，用于显示人数。假设年龄的单位为岁，身高的单位为厘米，体重的单位为市斤，要求所有数据成员为 private 访问权限，所有成员函数为 public 访问权限，在主函数中定义若干个对象，通过对象直接访问类的所有非静态成员函数，通过类访问静态成员函数。

*4. 定义一个描述员工（Employee）基本情况的类，数据成员包括编号（num）、姓名（name）、性别（sex）、工资（wage）、人数（count）、总工资（totalWage）。其中姓名定义为长度为 18 的字符数组，性别为长度为 3 的字符数组，其他数据成员类型为整型，总工资和人数为静态数据成员，函数成员包括构造函数、显示基本数据函数（ShowBase）和显示静态数据函数（ShowStatic），其中构造函数由已知参数编号（nu）、姓名（nm）、性别（sx）和工资（wg）构造对象，显示基本数据函数用于显示学生的编号、姓名、性别和工资，显示静态数据函数为静态成员函数，用于显示人数和总工资；要求所有数据成员为 protected 访问权限，所有成员函数为 public 访问权限，在主函数中定义若干个员工对象，分别显示员工基本信息，以及显示员工人数和总工资。

第3章 模　　板

使用模板可以建立具有通用类型的函数库或类库,为一系列逻辑功能相同而数据类型不同的函数或类创建框架,模板提供了一种重用程序源代码的有效方法,方便了大规模的软件开发。

3.1　模板的概念

模板的本质就是将所处理的数据类型说明为参数,模板是对具有相同特性的函数或类的再抽象,它将程序所处理的数据的类型参数化,这样可使一段程序代码能用于处理多种不同类型的数据。C++程序由类和函数组成,类对应类模板,函数对应函数模板。

为更好地理解,我们来考察三个 Swap()函数,分别用于交换两个整型数、两个浮点实型数以及两个双精度实型数。这三个 Swap()函数的功能完全一样,只是所处理的数据的类型不同,下面是这三个函数的具体实现:

```
void Swap(int &x, int &y)              //交换整型数 x、y
{
    int temp=x; x=y; y=temp;          //通过循环赋值交换 x、y
}


void Swap(float &x, float &y)          //交换浮点实型数 x、y
{
    float temp=x; x=y; y=temp;        //通过循环赋值交换 x、y
}


void Swap(double &x, double &y)        //交换双精度实型数 x、y
{
    double temp=x; x=y; y=temp;       //通过循环赋值交换 x、y
}
```

上面通过函数重载实现了让函数 Swap()处理不同类型的数据,但不能处理任意类型的数据,要求交换任何一对同一种类型的数据。最好的解决方法是类型参数化,这样就得到了函数模板。使用函数模板定义如下:

```
template<class ElemType>               //此处的 class 不是定义类的标识,只表明
                                       //ElemType 是一个类型参数
void Swap(ElemType &x, ElemType &y)    //交换 x、y
{
    ElemType temp=x; x=y; y=temp;     //通过循环赋值交换 x、y
}
```

这样得到可以将任一类型 ElemType 的两个数据进行互换的函数模板。

下面的三个类 Integer、Float 和 Double 分别用来处理整型数、浮点型实数以及双精度实型数。这三种类的处理功能完全一样,只是所处理的数据的类型不同,下面是这三个类的声明:

```
//声明整型类
class Integer
{
private:
//数据成员
    int num;                                    //数据值


public:
//公有函数
    Integer(int n=0): num(n){ }                 //构造函数
    void Set(int n) { num=n; }                  //设置数据值
    int Get() const { return num; }             //返回数据值
};

//声明浮点型实数类
class Float
{
private:
//数据成员
    float num;                                  //数据值


public:
//公有函数
    Float(float n=0): num(n){ }                 //构造函数
    void Set(float n) { num=n; }                //设置数据值
    float Get() const { return num; }           //返回数据值
};

//声明双精度实型数类
class Double
{
private:
//数据成员
    double num;                                 //数据值


public:
//公有函数
    Double(double n=0): num(n){ }               //构造函数
    void Set(double n) { num=n; }               //设置数据值
    double Get() const { return num; }          //返回数据值
```

```
};
```

上面实现的三个类的功能相同,处理不同类型的数据,还是不能处理任意类型的数据,但采用类型参数化后就可以处理任何类型,这样就得到了类模板。使用类模板定义如下:

```
template<class ElemType>
class Number
{
private:
//数据成员
    ElemType num;                        //数据值

public:
//公有函数
    Number(ElemType n=0): num(n){}       //构造函数
    void Set(ElemType n) { num=n; }      //设置数据值
    ElemType Get() const { return num; } //返回数据值
};
```

注意:函数模板或类模板是对一族函数或类的描述,模板是一种由通用代码构成,使用类型参数来产生一组函数或类的机制。

3.2 函数模板及模板函数

函数模板是对一批功能相同的函数的说明,它不是某一个具体的函数,是带有"类型参数"的一种描述。模板函数是将函数模板内的"数据类型参数"取某一个具体的数据类型后得到的具体函数。

3.2.1 函数模板的声明及生成模板函数

使用函数模板的方法是先声明函数模板,然后将其类型参数具体化形成相应的模板函数,最后才可以调用模板函数。

函数模板的一般声明格式如下:

```
template<class 类型参数名1, class 类型参数名2, …>
返回值类型 函数模板名(形参表)
{
    ⋮                                    //函数模板体
}
```



```
template<typename 类型参数名1, typename 类型参数名2, …>
返回值类型 函数模板名(形参表)
{
    ⋮                                    //函数模板体
}
```

其中,template 是一个声明模板的关键字,class 在此处并不表示类的意思,只是借用此关键字表示其后是一个类型参数。"class 类型参数名 1,class 类型参数名 2,…"称为类型形参表,类型参数名可以用任何实际的类型(包括类类型)进行具体化(也称为实例化)得到模板函数。

class 和 typename 的作用相同,都是表示"类型名",二者可以互换。大部分 C++ 程序员都喜欢用 class,这是因为 class 更容易输入,typename 是新加入到标准 C++ 中的,使用 typename 时,含义非常清楚。

在使用函数模板时,用实际的数据类型具体化(实例化)类型形式参数,再根据实际参数类型,生成一个具体的模板函数,模板函数的函数体与函数模板的函数模板体完全相同,在程序中真正执行的代码是模板函数的代码。

在使用函数模板生成模板函数时,有两种使用方式:

函数模板名(实参表)

或

函数模板名<类型 1, 类型 2, …>(实参表)

第一种使用方式将根据实参类型确定类型形式参数的具体类型,第二种方式中,<类型1, 类型 2, …>称为类型实参表,用类型实参表中的类型来确定类型形式参数具体类型。

说明:类型形参表与类型实参表通常只包含一个类型,这时函数模板的一般声明格式如下:

```
template<class 类型参数名>
返回值类型 函数模板名(形参表)
{
    ⋮                                          //函数模板体
}
```

或

```
template<typename 类型参数名>
返回值类型 函数模板名(形参表)
{
    ⋮                                          //函数模板体
}
```

使用函数模板生成模板函数的两种使用方式如下:

函数模板名(实参表)

或

函数模板名<类型>(实参表)

例 3.1　函数模板定义与模板函数的调用示例。

```
//文件路径名:e3_1\main.cpp
#include<iostream>                                    //编译预处理命令
```

```
using namespace std;                                    //使用命名空间 std

template<class ElemType>
ElemType Max(ElemType x, ElemType y)                     //求 x、y 的最大值
{
    return x<y ? y : x;                                  //返回 x、y 的最大值
}

int main()                                               //主函数 main()
{
    cout<<"2 和 3 的最大值为 "<<Max(2, 3)<<endl;           //输出 2、3 的最大值
    //cout<<"2 和 3.0 的最大值为 "<<Max(2, 3.0)<<endl;
        //错,无法根据 2 和 3.0 确定类型形式参数的具体类型
    cout<<"2 和 3.0 的最大值为 "<<Max<int>(2, 3.0)<<endl;  //输出 2、3.0 的最大值

    system("PAUSE");                  //调用库函数 system( ),输出系统提示信息
    return 0;                         //返回值 0, 返回操作系统
}
```

程序运行时屏幕输出如下:

2 和 3 的最大值为 3
2 和 3.0 的最大值为 3
请按任意键继续 ...

从上面的例题可以看出,采用第一种形式使用函数模板生成模板函数时,同一模板类型参数的各参数之间必须保持完全一致的类型。

3.2.2 重载函数模板

模板函数类似于重载函数,但是同一个函数模板类型形式参数具体化(实例化)后的所有模板函数必须执行相同的代码,而函数重载时在每个函数体中可以执行不同的代码,当遇到执行的代码有所不同时,不能简单地套用函数模板,而应像重载普通函数那样进行重载。

重载函数模板后,编译器首先匹配类型完全相同的函数,如果匹配失败,再寻求函数模板进行匹配。

例 3.2 重载函数模板与匹配过程示例。

```
//文件路径名:e3_2\main.cpp
#include<iostream>                                        //编译预处理命令
using namespace std;                                      //使用命名空间 std

template<class ElemType>
ElemType Max(ElemType x, ElemType y)                      //求 x、y 的最大值
{
    return x<y ? y : x;                                   //返回 x、y 的最大值
}
```

```cpp
char * Max(char * str1, char * str2)                  //求 str1、str2 的最大值
{
    return strcmp(str1, str2)<0 ? str2 : str1;        //返回 str1、str2 的最大值
}


int main()                                            //主函数 main()
{
    cout<<"2 和 3 的最大值为"<<Max(2, 3)<<endl;        //输出 2、3 的最大值,匹配函数模板
    cout<<"China 与 American 的最大值为"<<Max("China", "American")<<endl;
        //输出 "China","American"的最大值,匹配函数

    system("PAUSE");                                  //调用库函数 system(),输出系统提示信息
    return 0;                                         //返回值 0,返回操作系统
}
```

程序运行时屏幕输出如下:

2 和 3 的最大值为 3
China 与 American 的最大值为 China
请按任意键继续…

函数"char * Max(char * str1, char * str2)"中的函数名与函数模板的函数名相同,但操作代码不同,函数体中的比较采用了字符串比较函数,所以要用重载的方法把它们区分开来,遵循的原则是首选函数名、参数类型都匹配的函数,再找模板。本例在调用 Max(2, 3)时,由于实参是整型,与函数"char * Max(char * str1, char * str2)"的形参类型不匹配,因此只能匹配函数模板,在调用 Max("China", "American")时,实参为字符串,与函数"char * Max(char * str1, char * str2)"的形参类型相匹配,因此匹配此函数。

例 3.3 重载函数模板示例。

```cpp
//文件路径名:e3_3\main.cpp
#include<iostream>                                    //编译预处理命令
using namespace std;                                  //使用命名空间 std

template<class ElemType>
ElemType Max(ElemType x, ElemType y)                  //求 x、y 的最大值
{
    return x<y ? y : x;                               //返回 x、y 的最大值
}


template<class ElemType>
ElemType Max(ElemType x, ElemType y, ElemType z)      //求 x、y、z 的最大值
{
    ElemType m=x<y ? y : x;                           //m 为 x、y 的最大值
    m=m<z ? z : m;                                    //m、z 的最大值
    return m;                                         //返回最大值
}
```

```
template<class ElemType>
ElemType Max(ElemType a[], int n)                    //求 a[0],a[1],…,a[n-1]的最大值
{
    ElemType m=a[0];                                 //假设 a[0]为最大值
    for (int i=1; i<n; i++)
        if (m<a[i]) m=a[i];                          //如 a[i]更大,则将 a[i]赋值给 m
    return m;                                        //返回最大值
}

int main()                                           //主函数 main()
{
    int a[]={1, 9, 7, 5, 6, 3};                      //定义数组 a
    cout<<"数组 a 的最大元素值为"<<Max(a, 6)<<endl;    //输出数组 a 的最大元素值
    cout<<"2 和 3 的最大值为"<<Max(2, 3)<<endl;        //输出 2、3 的最大值
    cout<<"2,3 和 8 的最大值为"<<Max(2, 3, 8)<<endl;   //输出 2、3、8 的最大值

    system("PAUSE");                                 //调用库函数 system(),输出系统提示信息
    return 0;                                        //返回值 0,返回操作系统
}
```

程序运行时屏幕输出如下:

数组 a 的最大元素值为 9
2 和 3 的最大值为 3
2,3 和 8 的最大值为 8
请按任意键继续…

本例中根据实参的个数与类型来匹配不同的函数模板。

3.3　类模板及模板类

类模板与函数模板类似,它可以为任意数据类型定义一种模板,使用不同的数据类型具体化(实例化)类模板生成具体的模板类,模板类可以用于生成具体的对象。

3.3.1　类模板的声明及生成模板类

定义一个类模板与定义函数模板的格式类似,必须以关键字 template 开始,类模板的一般声明形式如下:

```
template<class 类型参数名 1, class 类型参数名 2, …>
class 类模板名
{
    ⋮                                               //类体
};
```

或

```
template<typename 类型参数名 1, typename 类型参数名 2, ⋯>
class 类模板名
{
    ⋮                                              //类模板体
};
```

类模板的成员函数不但可以在类模板内定义,也可以在类模板外定义。在类模板内定义时,与一般类的成员函数的定义方法完全一样;在类模板外定义时,需要采用下面的形式:

```
template<class 类型参数名 1, class 类型参数名 2, ⋯>
返回值类型 类模板名<类型参数名 1, 类型参数名 2, ⋯>::成员函数名(形参表)
{
    ⋮                                              //函数体
}
```

或

```
template<typename 类型参数名 1, typename 类型参数名 2, ⋯>
返回值类型 类模板名<类型参数名 1, 类型参数名 2, ⋯>::成员函数名(形参表)
{
    ⋮                                              //函数体
}
```

其中,"class 类型参数名 1, class 类型参数名 2, ⋯"与"typename 类型参数名 1, typename 类型参数名 2, ⋯"为类型形参表,与函数模板中的类型形参表意义一样。

类模板必须用实际的数据类型具体化(实例化)类型形式参数,再根据实际参数类型,生成一个具体的模板类,然后才能用来生成具体对象。一般语法格式如下:

```
类模板名<类型 1, 类型 2, ⋯>对象名;
```

例 3.4 使用类模板的示例。

```cpp
//文件路径名:e3_4\main.cpp
#include<iostream>                                //编译预处理命令
using namespace std;                              //使用命名空间 std

//声明数组类模板
template<class ElemType>
class Array
{
private:
//数据成员
    ElemType * elem;                             //存储数据元素值
    int size;                                    //数组元素个数

public:
//公有函数
    Array(int sz): size(sz) { elem=new ElemType[size]; }//构造函数
```

```
    ~Array(){ delete elem; }                              //析构函数
    void SetElem(ElemType e, int i);                      //设置元素值
    ElemType GetElem(int i) const;                        //求元素值
};

template<class ElemType>
void Array<ElemType>::SetElem(ElemType e, int i)          //设置元素值
{
    if (i<0 || i>=size)
    {
        cout<<"元素位置错!"<<endl;
        exit(1);                                          //退出程序的运行,返回到操作系统
    }
    elem[i]=e;                                            //设置元素值为 e
}

template<class ElemType>
ElemType Array<ElemType >::GetElem(int i) const           //求元素值
{
    if (i<0 || i>=size)
    {
        cout<<"元素位置错!"<<endl;
        exit(2);                                          //退出程序的运行,返回到操作系统
    }
    return elem[i];                                       //返回元素值 elem[i]
}

int main()                                                //主函数 main()
{
    int a[]={1, 9, 7, 5, 6, 3};                           //定义数组 a
    int n=6;                                              //数组元素个数
    Array<int>obj(n);                                     //定义数组对象
    int i;                                                //定义临时变量
    for (i=0; i<n; i++)
        obj.SetElem(a[i], i);                             //设置数组元素值
    for (i=0; i<n; i++)
        cout<<obj.GetElem(i)<<" ";                        //输出元素值
    cout<<endl;                                           //换行

    system("PAUSE");                                      //调用库函数 system( ),输出系统提示信息
    return 0;                                             //返回值 0, 返回操作系统
}
```

程序运行时屏幕输出如下：

1 9 7 5 6 3

请按任意键继续 ...

怎样选择是将成员函数在类模板内定义还是在类模板外定义呢？作者建议对于函数体实现较简单，并且行数较少的类模板的成员函数都在类模板内定义；对于函数体实现较复杂，并且行数较多的类模板的成员函数在类模板外定义。

3.3.2 在类型形参表中包含常规参数的类模板

在声明类模板的类型形参表中还可以包含常规参数，常规参数经常是数值。对模板类进行具体化(实例化)为模板类时，给这些参数所提供的表达式必须是常量表达式。

例 3.5 使用在类型形参表中包含常规参数的示例。

```cpp
//文件路径名:e3_5\main.cpp
#include<iostream>                              //编译预处理命令
using namespace std;                            //使用命名空间 std

//声明数组类模板
template<class ElemType, int size>
class Array
{
private:
//数据成员
    ElemType elem[size];                        //存储数据元素值

public:
//公有函数
    void SetElem(ElemType e, int i);            //设置元素值
    ElemType GetElem(int i) const;              //求元素值
};

template<class ElemType, int size>
void Array<ElemType, size>::SetElem(ElemType e, int i)     //设置元素值
{
    if (i<0 || i >=size)
    {
        cout<<"元素位置错!"<<endl;
        exit(1);                                //退出程序的运行,返回到操作系统
    }
    elem[i]=e;                                  //设置元素值为 e
}

template<class ElemType, int size>
ElemType Array<ElemType, size>::GetElem(int i) const       //求元素值
{
    if (i<0 || i >=size)
    {
```

```
        cout<<"元素位置错!"<<endl;
        exit(2);                      //退出程序的运行,返回到操作系统
    }
    return elem[i];                   //返回元素值 elem[i]
}


int main()                            //主函数 main()
{
    int a[]={1, 9, 7, 5, 6, 3};       //定义数组 a
    const int n=6;                    //数组元素个数
    Array<int, n>obj;                 //定义数组对象
    int i;                            //定义临时变量
    for (i=0; i<n; i++)
        obj.SetElem(a[i], i);         //设置数组元素值
    for (i=0; i<n; i++)
        cout<<obj.GetElem(i)<<" ";    //输出元素值
    cout<<endl;                       //换行

    system("PAUSE");                  //调用库函数 system(),输出系统提示信息
    return 0;                         //返回值 0, 返回操作系统
}
```

程序运行时屏幕输出如下:

```
1 9 7 5 6 3
```
请按任意键继续 ...

由于在类模板进行具体化(实例化)为模板类时,类型形参表中包含表达式参数必须是常量表达式,因此可以直接用数组储存数据元素值,比例 3.4 采用指针方式存储数据元素值更简捷。

**3.4 实例研究:快速排序

快速排序(Quick Sort)有着广泛的应用,典型应用是 UNIX 系统库函数例程中的 qsort 函数,快速排序的基本思想是任选序列中的一个数据元素(通常选取第一个数据元素)作为枢轴(pivot),以它的关键字和所有剩余数据元素进行比较,将所有较它小的数据元素都排在它前面,将所有较它大的数据元素都排在它之后,经过一遍排序后,可按此数据元素所在位置为界,将序列划分为两个部分,再对这两个部分重复上述过程,直至每一部分中只剩一个数据元素或没有数据元素为止。

假设待排序的序列为(a[low], a[low + 1], …, a[high]),首先任选取序列中的一数据元素(通常可选第一个数据元素)作为枢轴(pivot),再将所有比 pivot 小的数据元素排序在 pivot 的左边,将所有比 pivot 大的数据元素排序在 pivot 的右边,设由此得到的枢轴的位置是 i,则以 i 作为分界线,将原序列作一次一次如下的划分:

(a[low], a[low+1], …, a[i -1]) a[i] (a[i+1], a[i+2], …, a[high])

这样划分后得到两个子序列(a[low]，a[low ＋1]，…，a[i － 1])和(a[i ＋ 1]，a[i ＋ 2]，…，a[high])，并且枢轴 a[i](也就是 pivot)已被放到正确的位置上，然后再分别对 (a[low]，a[low]，…，a[i － 1])和(a[i ＋ 1]，a[i ＋2]，…，a[high])子序列进行划分，直到每个子序列的长度都为 1 或 0 时为止。

一遍快速排序的具体方法是，设枢轴是 a[low]，首先从 high 所指位置开始向左搜索到第一个小于 a[low]的数据元素（此数据元素仍假设为 a[high]）为止，然后交换 a[low]和 a[high]，这时枢轴为 a[high]，再从 low 所指位置开始向右搜索到第一个大于 a[high]的数据元素（此数据元素仍假设为 a[low]）为止，然后交换 a[low]和 a[high]，这时枢轴为 a[low]；重复这两步直到 low ＝ high 时为止，这时枢轴的位置为 low。

图 3.1(a)是对关键字序列(49,38,66,97,38,68)第一遍快速排序的过程，图 3.1(b)是排序全过程。

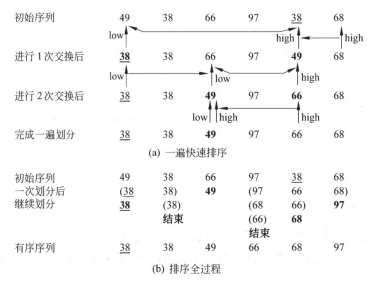

图 3.1 快速排序示意图

下面是快速排序算法及测试程序上机操作步骤：

(1) 建立工程 quick_sort。

(2) 建立头文件 quick_sort.h，实现快速排序算法，具体内容如下：

```
#ifndef _ _QUICK_SORT_H_ _        //如果没有定义 _ _QUICK_SORT_H_ _
#define _ _QUICK_SORT_H_ _        //那么定义 _ _QUICK_SORT_H_ _

template<class ElemType>
int Partition(ElemType a[], int low, int high)
//交换 a[low…high]中的元素,使枢轴移动到适当位置,要求在枢轴之前的元素
//不大于枢轴,在枢轴之后的元素不小于枢轴的,并返回枢轴的位置
{
    while (low<high)
    {
        while (low<high && a[high] >=a[low])
```

```
        {       //a[low]为枢轴,使 high 右边的元素不小于 a[low]
            high--;
        }
        ElemType tem=a[low]; a[low]=a[high]; a[high]=tem;        //交抽 a[low]、a[high]

        while (low<high && a[low]<=a[high])
        {       //a[high]为枢轴,使 low 左边的元素不大于 a[high]
            low++;
        }
        tem=a[low]; a[low]=a[high]; a[high]=tem;                 //交抽 a[low]、a[high]
    }
    return low;                                                 //返回枢轴位置
}


template<class ElemType>
void QuickSortHelp(ElemType a[], int low, int high)    //对数组 a[low…high]中的记
                                                       //录进行快速排序
{
    if (low<high)
    {       //子序列 a[low .. high]长度大于 1
        int pivotLoc=Partition(a, low, high);          //进行一遍找分
        QuickSortHelp(a, low, pivotLoc -1);            //对序列 a[low, pivotLoc-1]
                                                       //递归排序
        QuickSortHelp(a, pivotLoc+1, high);            //对序列 a[pivotLoc+1,
                                                       //high]递归排序
    }
}


template<class ElemType>
void QuickSort(ElemType a[], int n)                    //对数组 a 进行快速排序
{ QuickSortHelp(a, 0, n -1); }

#endif
```

(3) 建立源程序文件 main. cpp,实现 main()函数,具体代码如下:

```
//文件路径名:quick_sort\main.cpp
#include<iostream>                                     //编译预处理命令
using namespace std;                                   //使用命名空间 std
#include "quick_sort.h"                                //快速排序

int main(void)                                         //主函数 main()
{
    int a[]={49, 38, 66, 97, 38, 68};                  //数组
    int i, n=6;                                        //定义变量
    cout<<"排序前:";
```

```
    for (i=0; i<n; i++) cout<<a[i]<<" ";        //输出 a
    cout<<endl;                                  //换行

    QuickSort(a, n);                             //快带排序

    cout<<"排序后:";
    for (i=0; i<n; i++) cout<<a[i]<<" ";        //输出 a
    cout<<endl;                                  //换行

    system("PAUSE");          //调用库函数 system( ),输出系统提示并返回操作系统
    return 0;                 //返回值 0,返回操作系统
}
```

程序运行时屏幕输出如下:

排序前:49 38 66 97 38 68
排序后:38 38 49 66 68 97
请按任意键继续...

3.5　程　序　陷　阱

　　模板是标准 C++ 新加入的功能,各 C++ 编译器对模板处理细节可能所有区别,例如对于类模板的友元函数模板,各 C++ 编译器就有不同的使用格式。

　　对于 Visual C++ 6.0、Visual C++ 2005、Visual C++ 2005 Express 可采用如下格式:

```
//本程序适合于 Visual C++6.0、Visual C++2005、Visual C++2005 Express
//文件路径名:trap 3_1\main.cpp
#include<iostream>                               //编译预处理命令
using namespace std;                             //使用命名空间 std

template<class ElemType>
class MyCalss
{
private:
//数据成员
    ElemType value;                              //存储数据元素值

public:
//公有函数
    MyCalss(const ElemType &v): value(v){ }      //构造函数
    template<class ElemType>
    friend void Show(const MyCalss<ElemType> &obj);  //输出对象的信息
};

template<class ElemType>
```

```
void Show(const MyCalss<ElemType> &obj)          //输出对象的信息
{ cout<<obj.value<<endl; }

int main()                                        //主函数 main()
{
    MyCalss<int>obj(8);                           //定义对象
    Show(obj);                                    //输出对象的信息

    system("PAUSE");                              //调用库函数 system(),输出系统提示信息
    return 0;                                     //返回值 0,返回操作系统
}
```

对于 Visual C++ 6.0 还可去掉类体中的"template <class ElemType>",也就是采用如下格式:

```
//本程序适合于 Visual C++6.0
//文件路径名:trap 3_2\main.cpp
#include<iostream>                                //编译预处理命令
using namespace std;                              //使用命名空间 std

template<class ElemType>
class MyCalss
{
private:
//数据成员
    ElemType value;                               //存储数据元素值

public:
//公有函数
    MyCalss(const ElemType &v): value(v){ }       //构造函数
    friend void Show(const MyCalss<ElemType> &obj);  //输出对象的信息
};

template<class ElemType>
void Show(const MyCalss<ElemType> &obj)           //输出对象的信息
{ cout<<obj.value<<endl; }
    ⋮
```

对于 Dev-C++ 和 MinGW Developer Studio 只能将模板函数的定义放在类模板内,并且不能加"template <class ElemType>",也就是采用如下格式:

```
//本程序适合于 Dev-C++和 MinGW Developer Studio
//文件路径名:e3_3\main.cpp
#include<iostream>                                //编译预处理命令
using namespace std;                              //使用命名空间 std

template<class ElemType>
```

```
class MyCalss
{
private:
//数据成员
    ElemType value;                              //存储数据元素值

public:
//公有函数
    MyCalss(const ElemType &v): value(v){ }      //构造函数
    friend void Show(const MyCalss<ElemType>&obj){ cout<<obj.value<<endl; }
                                                 //输出对象的信息
};
    ⋮
```

3.6 习　　题

一、选择题

1. 下列关于模板的叙述中,错误的是_____。

    A) 模板声明中的第一个符号总是关键字 template

    B) 在模板声明中用"<"和">"括起来的部分是模板的类型形参表

    C) 类模板不能有数据成员

    D) 在一定条件下函数模板的类型实参可以省略

2. 有以下函数模板定义:

```
template<class ElemType>
ElemType Fun(const ElemType &x, const ElemType &y) { return x * x+y * y; }
```

    在下列对 Fun()的调用中,错误的是_____。

    A) Fun(3, 5)　　　　　　　　　B) Fun(3.0, 5.5)

    C) Fun(3, 5.5)　　　　　　　　D) Fun<int>(3, 5.5)

3. 关于关键字 class 和 typename,下列表述中正确的是_____。

    A) 程序中 typename 都可以替换为 class

    B) 程序中的 class 都可以替换为 typename

    C) 在模板类型形参表中只能用 typename 来声明参数的类型

    D) 在模板类型形参表中只能用 class 或 typename 来声明参数的类型

4. 有以下函数模板:

```
template<class ElemType>
ElemType Square(const ElemType &x) { return x * x; }
```

其中 ElemType 是_____。

    A) 函数形参　　　　　　　　　B) 函数实参

    C) 模板类型形参　　　　　　　D) 模板类型实参

5. C++ 中的模板包括_____。

    A）对象模板和函数模板   B）对象模板和类模板

    C）函数模板和类模板   D）变量模板和对象模板

二、填空题

1. 已知一个函数模板的声明如下：

```
template<typename T1, typename T2>
T1 Fun(T2 n) { return n * 5.0; }
```

若要求以 int 型数 7 为函数实参调用该模板函数，并返回一个 double 型数，则该调用应表示为_____。

2. 已知 int dbl(int n) { return n ＋ n; }和 long dbl(long n) { return n ＋ n; }是一个函数模板的两个实例，则该函数模板的声明是：

```
template<typename ElemType>
```

_____

3. 下面程序的运行结果是_____。

```
//文件路径名:ex3_2_3\main.cpp
#include<iostream>                          //编译预处理命令
using namespace std;                        //使用命名空间 std

template<class ElemType>
ElemType Min(const ElemType &a, const ElemType &b)   //求 a、b 的最小值
{
    if (a<b) return a;                      //a 更小
    else return b;                          //b 更小
}

int main()                                  //主函数 main()
{
    int n1=4, n2=5;                         //定义整型变量
    double d1=0.35, d2=4.4;                 //定义实型变量
    cout<<"最小整数="<<Min(n1, n2)<<","<<"最小实型="<<Min(d1, d2)<<endl;
                                            //输出信息

    system("PAUSE");            //调用库函数 system( ),输出系统提示并返回操作系统
    return 0;                   //返回值 0, 返回操作系统
}
```

三、编程题

1. 试使用函数模板实现输出一个数组各元素的值,要求编写测试程序。

2. 编写一个复数类模板 Complex,其数据成员 real 和 image 的类型未知,定义相应的成员函数,包括构造函数、输出复数值的函数、求复数和的函数和求复数差的函数,主函数中

定义模板类对象,分别以 int 和 double 实例化类型参数。

　*3. 编写一个使用数组类模板 Array 对数组求最大值和求元素和的程序,要求编写出测试程序。

　*4. 对数组求最大值和求元素和的算法都编写为函数模板,要求编写出测试程序。

　**5. 对数组求最大值和求元素和的函数采用静态成员函数的方式封装成数组算法类模板 ArrayAlg,要求编写出测试程序。

第4章 运算符重载

C++语言允许重新定义已有的运算符,使其完成一些只在特定类中使用的特定操作,这就是运算符重载。运算符重载对已有的运算符赋予新的含义,使其一个运算符作用于不同类型的数据时可引起不同的行为。

4.1 运算符重载的概念

在 C++ 中,用户可以根据需要对已有的运算符进行重新定义,赋予它们新的含义,例如用加法"+"运算符进行两个复数的相加。若有 $z1=2+3i$,$z2=4-8i$,在数学,可以直接用"+"实现 $z3=z1+z2$,也就是将 $z1$ 和 $z2$ 的实部和虚部分别相加,$z3=2+4+(3-8)i=6-5i$。用户必须自己实现复数相加,比如用户可以通过定义一个函数来实现复数相加。下面通过例题加以说明。

例 4.1 通过函数实现复数相加示例。

```cpp
//文件路径名:e4_1\main.cpp
#include<iostream>                                    //编译预处理命令
using namespace std;                                  //使用命名空间 std

//声明复数类
class Complex
{
private:
//数据成员
    double real;                                      //实部
    double image;                                     //虚部

public:
//公有函数
    Complex(double r=0, double i=0): real(r), image(i){}   //构造函数
    void Show() const;                                //输出复数
    static Complex Add(const Complex &z1, const Complex &z2);  //复数加法
};

void Complex::Show() const                            //输出复数
{
    if (image<0) cout<<real<<image<<"i"<<endl;        //虚部为负,例如 3-5i
    else if (image==0) cout<<real<<endl;              //虚部为 0,例如 3
    else cout<<real<<"+"<<image<<"i"<<endl;           //虚部为负,例如 3+5i
}
```

```
Complex Complex::Add(const Complex &z1, const Complex &z2)        //复数加法
{
    Complex z(z1.real+z2.real, z1.image+z2.image);               //定义复数对象
    return z;                                                    //返回复数
}
```

```
int main()                                                       //主函数 main()
{
    Complex z1(2, 3), z2(6, -5), z3;                             //定义复数对象
    z1.Show();                                                   //输出 z1
    z2.Show();                                                   //输出 z2
    z3=Complex::Add(z1, z2);                                     //z3=z1+z2
    z3.Show();                                                   //输出 z3

    system("PAUSE");                                             //调用库函数 system(),输出系统提示信息
    return 0;                                                    //返回值 0,返回操作系统
}
```

程序运行时屏幕输出如下：

2+3i

6-5i

8-2i

请按任意键继续...

说明：在 Add()函数体中的两行代码可以用"return Complex(z1. real＋z2. real, z1. image＋z2. image);"代替,"Complex(z1. real＋z2. real, z1. image＋z2. image)"的含义是建立一个临时复数对象,它的实部为 z1. real＋z2. real,虚部为 z1. image＋z2. image,在建立临时对象的过程中调用了构造函数,语句 return 将此临时对象作为函数的返回值。

在 Complex 类中定义一个静态成员函数 Add(),作用是将两个复数相加,在 Add()的函数体中,将 z1、z2 的实部和作为 z 的实部,z1、z2 的虚部和作为 z 的虚部,也就是 z＝z1＋z2,然后返回 z,即返回 z1、z2 之和。

能否像实数的加法运算一样,直接用加号"＋"来实现复数运算呢？例如在程序中直接用"z3＝z1＋z2"进行运算,这需要对运算符"＋"进行重载。

运算符重载的方法在实质上就是定义一个重载运算符的函数,在执行被重载的运算符时,系统将调用此函数实现相应的运算。运算符重载本质就是函数重载。

重载运算符的函数的原型如下：

返回值类型 operator 运算符(形参表);

例如将"＋"用于 Complex 类的加法运算运算符重载的函数原型可以为：

Complex operator+(const Complex &z1, const Complex &z2);

下面通过示例加以说明。

例 4.2 通过运算符重载实现复数相加的示例。

```cpp
//文件路径名:e4_2\main.cpp
#include<iostream>                                    //编译预处理命令
using namespace std;                                  //使用命名空间 std

//声明复数类
class Complex
{
private:
//数据成员
    double real;                                      //实部
    double image;                                     //虚部

public:
//公有函数
    Complex(double r=0, double i=0): real(r), image(i){}   //构造函数
    void Show() const;                                //输出复数
    friend Complex operator+ (const Complex &z1, const Complex &z2)   //复数加法
    { return Complex(z1.real+z2.real, z1.image+z2.image); }
};

void Complex::Show() const                            //输出复数
{
    if (image<0) cout<<real<<image<<"i"<<endl;        //虚部为负,例如 3-5i
    else if (image==0) cout<<real<<endl;              //虚部为 0,例如 3
    else cout<<real<<"+"<<image<<"i"<<endl;           //虚部为负,例如 3+5i
}


//int operator+(int a, int b){ return a+b; }
                    //错,重载运算符的函数的参数不能全部是 C++的标准类型

int main()                                            //主函数 main()
{
    Complex z1(2, 3), z2(6, -5), z3;                  //定义复数对象
    z1.Show();                                        //输出 z1
    z2.Show();                                        //输出 z2
    z3=z1+z2;                                         //进行复数加法运算
    z3.Show();                                        //输出 z3

    system("PAUSE");                                  //调用库函数 system( ),输出系统提示信息
    return 0;                                         //返回值 0, 返回操作系统
}
```

程序运行时屏幕输出如下：

2+3i

6-5i

8-2i

请按任意键继续...

上面的程序在 Visual C++ 2005、Visual C++ 2005 Express、Dev-C++ 和 MinGW Developer Studio 都能正常运行,但在 Visual C++ 6.0 下编译时会出现语法错误,是 Visual C++ 6.0 的一个 Bug,在 Visual C++ 6.0 中可将:

```
#include<iostream>                              //编译预处理命令
using namespace std;                            //使用命名空间 std
```

改为:

```
#include<iostream.h>                            //编译预处理命令
#include<stdlib.h>                              //包含 system()的声明
```

这时可正常运行,可以看出在文件"iostream"中包含了常用函数 system()的声明。

重载运算符只能和用户定义的自定义类型的对象一起使用,重载运算符的函数的参数不能全部是 C++ 的标准类型,这样可以防止用户修改用于标准类型的运算符的定义,例如下面的重载显然不符合逻辑。

```
int operator-(int a, int b){return a+b; }       //将减法"-"重载为加法"+"
```

4.2 运算符重载方式

C++ 的运算符按参加运算的操作数个数可分为单目运算符、双目运算符、三目运算符以及不确定目数运算符。单目运算符只有一个操作数,例如!p(取反运算符),−b(负号运算符)等;双目运算符有两个操作数参与运算,例如 2+3(加法运算符),a=b(赋值运算符)等;三目运算符有三个操作数参与运算,三目运算符只包括问号运算符,例如 z? x:y,不确定目数运算符是操作数个数不确定,可根据需要重载为不同的操作数个数,不确定目数运算符只包括函数调用运算符"()"。在 C++ 中只能重载单目运算符、双目运算符及不确定目数运算符"()"。

4.2.1 运算符重载为类的成员函数

通过该类的对象来调用运算符函数,由于对象本身将作为一个操作数,因此要求第一个操作数的类型为用户自定义类,参数表中的参数个数比操作数个数少 1。

下面是运算符重载为类的成员函数的一般形式:

```
class 类名
{
private:
//数据成员
    ...

public:
```

```
//公有函数
    返回值类型 operator 运算符 (形参表);              //运算符重载为类的成员函数
    ...
};
```

其中"operator 运算符"是运算符函数的专用函数名。

下面介绍用类的成员函数重载单目运算符和重载双目运算符。

1. 用类的成员函数重载单目运算符

单目运算的运算符在一般情况下重载为类的成员函数时,形参表为空,以当前对象(即调用该运算符函数的对象)作为运算符唯一的操作数。

例 4.3   单目运算符重载为类的成员函数示例。

```cpp
//文件路径名:e4_3\main.cpp
#include<iostream>                                  //编译预处理命令
using namespace std;                                //使用命名空间 std

//声明整型类
class Integer
{
private:
//数据成员
    int num;                                        //数据值

public:
//公有函数
    Integer(int n=0): num(n){}                      //构造函数
    void Set(int n) { num=n; }                      //设置数据值
    int Get() const { return num; }                 //返回数据值
    Integer operator- () const{ return Integer(-num); }      //重载负号运算符"-"
};

int main()                                          //主函数 main()
{
    Integer i;                                      //定义整型对象
    i.Set(6);                                       //设置数据值
    cout<<i.Get()<<endl;                            //输出数据值
    i=-i;                              //对 i 进行求负号运算, -i 等价于 i.operator-();
    cout<<i.Get()<<endl;                            //输出数据值

    system("PAUSE");                                //调用库函数 system( ),输出系统提示信息
    return 0;                                       //返回值 0,返回操作系统
}
```

程序运行时屏幕输出如下:

6
－6
请按任意键继续...

在本例中,"－i"实质为"i. operator－()",也就是对对象 i 调用其成员函数"Integer operator－()"。

2. 用类的成员函数重载双目运算符

双目运算符重载为类的成员函数时,形参表中有一个参数,以当前对象作为运算符的左操作数,参数作为右操作数。

例 4.4 双目运算符重载为类的成员函数示例。

```cpp
//文件路径名:e4_4\main.cpp
#include<iostream>                           //编译预处理命令
using namespace std;                         //使用命名空间 std

//声明整型类
class Integer
{
private:
//数据成员
    int num;                                 //数据值

public:
//公有函数
    Integer(int n=0): num(n){}               //构造函数
    void Set(int n) { num=n; }               //设置数据值
    int Get() const { return num; }          //返回数据值
    Integer operator+ (const Integer &a) const    //重载加法运算符"+"
    { return Integer(this->num+a.num); }
};

int main()                                   //主函数 main()
{
    Integer i(6), j(9), k;                   //定义整型对象
    k=i+j;                    //对整型对象求加法运算,i+j 等价于 i.operator+(j);
    cout<<i.Get()<<"+"<<j.Get()<<"="<<k.Get()<<endl;   //输出数值

    system("PAUSE");                         //调用库函数 system(),输出系统提示信息
    return 0;                                //返回值 0,返回操作系统
}
```

程序运行时屏幕输出如下:

6+9=15
请按任意键继续...

在本例中,"i＋j"等价于"i. operator＋(j)",即为对对象 i 调用其成员函数"Integer

operator+(const Integer &a) const",以当前对象的作为第一个操作,参数作为第二操作数。

4.2.2　运算符重载为类的友元函数

可以像类的一般友元函数那样,将运算符重载为类的友元函数,这时参数表中的参数个数与操作数个数相等,并且第一个操作数的类型不要求是用户自定义类。

下面是运算符重载为类的友元函数的一般形式:

```
class 类名
{
private:
//数据成员
    …

public:
//公有函数
    friend 返回值类型 operator 运算符 (形参表);        //运算符重载为类的友元函数
    …
};
```

由于是友元函数,因此在函数原型前应加上关键字 friend。

1. 用类的友元函数重载单目运算符

将单目运算符重载为类的友元函数时,友元函数形参表中有一个参数作为该运算符的操作数。

例 4.5　单目运算符重载为类的友元函数示例。

```
//文件路径名:e4_5\main.cpp
#include<iostream>                                    //编译预处理命令
using namespace std;                                  //使用命名空间 std

//声明整型类
class Integer
{
private:
//数据成员
    int num;                                          //数据值

public:
//公有函数
    Integer(int n=0): num(n){}                        //构造函数
    void Set(int n) {num=n; }                         //设置数据值
    int Get() const {return num; }                    //返回数据值
    friend Integer operator- (const Integer &a)       //重载负号运算符"-"
    { return Integer(-a.num); };
};
```

```
int main()                                        //主函数 main()
{
    Integer i;                                     //定义整型对象
    i.Set(6);                                      //设置数据值
    cout<<i.Get()<<endl;                           //输出数据值
    i=-i;                                          //对 i 进行求负号运算，-i 等价于 operator-(i);
    cout<<i.Get()<<endl;         //输出数据值

    system("PAUSE");             //调用库函数 system(),输出系统提示信息
    return 0;                    //返回值 0,返回操作系统
}
```

程序运行时屏幕输出如下：

6

-6

请按任意键继续…

在本例中，"-i"实质为"operator-(i)"，也就是对对象 i 调用友元函数"Integer operator-(i)"，与例 4.2 一样，在 Visual C++ 6.0 下会出现编译时错误，只能采用头文件"iostream. h"和"stdlib. h"才能编译成功。

2. 用类的友元函数重载双目运算符

将双目运算符重载为类的友元函数时，友元函数形参表中包含有两个参数，这两个参数分别作为运算符的左、右操作数。

例 4.6 双目运算符重载为类的友元函数示例。

```
//文件路径名:e4_6\main.cpp
#include<iostream>                                 //编译预处理命令
using namespace std;                               //使用命名空间 std

//声明整型类
class Integer
{
private:
//数据成员
    int num;                                       //数据值

public:
//公有函数
    Integer(int n=0): num(n){}                     //构造函数
    void Set(int n) { num=n; }                     //设置数据值
    int Get() const { return num; }                //返回数据值
    friend Integer operator+ (const Integer &a, const Integer &b)
    { return Integer(a.num+b.num); }               //重载加法运算符"+",两个操作数都是对象
    friend Integer operator+ (int a, const Integer &b)
    { return Integer(a+b.num); }                   //重载加法运算符"+",第一操作数是标准类型
```

· 96 ·

```
friend Integer operator+ (const Integer & a, int b)
{ return Integer(a.num+b); }                    //重载加法运算符"+",第二操作数是标准类型
};
```

```
int main()                                              //主函数 main()
{
    Integer i(6), j(9), k;                              //定义整型对象
    k=i+j;      //对整型对象求加法运算,i+j 等价于 operator+ (i,j),两个操作数都是对象
    cout<<i.Get()<<"+"<<j.Get()<<"="<<k.Get()<<endl;    //输出数值
    k=1+j;      //对整型对象求加法运算,1+j 等价于 operator+ (1,j),第一操作数是标准类型
    cout<<1<<"+"<<j.Get()<<"="<<k.Get()<<endl;          //输出数值
    k=i+2;      //对整型对象求加法运算,i+2 等价于 operator+ (i,2),第二操作数是标准类型
    cout<<i.Get()<<"+"<<2<<"="<<k.Get()<<endl;          //输出数值

    system("PAUSE");                                    //调用库函数 system( ),输出系统提示信息
    return 0;                                           //返回值 0, 返回操作系统
}
```

程序运行时屏幕输出如下：

```
6+9=15
1+9=10
6+2=8
请按任意键继续...
```

在本例中,重载加法运算符"＋"时,要求至少有一个参数的类型为用户自定义类,与例 4.2 一样,在 Visual C++ 6.0 下会出现编译时错误,只能采用头文件"iostream. h"和"stdlib. h"才能编译成功。

4.2.3　运算符重载为普通函数

可以像类的普通函数那样,将运算符重载为普通函数,这时参数表中的参数个数与操作数个数相等,并且第一个操作数的类型不要求是用户自定义类。

下面是运算符重载为普通函数的一般形式：

```
返回值类型 operator 运算符 (形参表);                     //运算符重载为类的普通函数
```

由于是普通函数,因此在函数原型前不应加上关键字 friend。

1. 用普通函数重载单目运算符

将单目运算符重载为普通函数时,函数形参表中有一个参数作为该运算符的操作数。

例 4.7　单目运算符重载为类的普通函数示例。

```
//文件路径名:e4_7\main.cpp
#include<iostream>                                      //编译预处理命令
using namespace std;                                    //使用命名空间 std
```

```
//声明整型类
class Integer
{
private:
//数据成员
    int num;                                         //数据值

public:
//公有函数
    Integer(int n=0): num(n){}                       //构造函数
    void Set(int n) { num=n; }                       //设置数据值
    int Get() const { return num; }                  //返回数据值
};

Integer operator- (const Integer &a)                 //重载负号运算符"-"
{ return Integer(-a.Get()); };

int main()                                           //主函数 main()
{
    Integer i;                                       //定义整型对象
    i.Set(6);                                        //设置数据值
    cout<<i.Get()<<endl;                             //输出数据值
    i=-i;                                            //对 i 进行求负号运算, -i 等价于 operator- (i);
    cout<<i.Get()<<endl;                             //输出数据值

    system("PAUSE");                                 //调用库函数 system( ),输出系统提示信息
    return 0;                                        //返回值 0, 返回操作系统
}
```

程序运行时屏幕输出如下:

```
6
-6
请按任意键继续...
```

在本例中,"-i"实质为"operator-(i)",也就是调用函数"Integer operator-()"。

2. 用普通函数重载双目运算符

将双目运算符重载为普通函数时,函数形参表中包含有两个参数,这两个参数分别作为运算符的左、右操作数。

例 4.8 双目运算符重载为普通函数示例。

```
//文件路径名:e4_8\main.cpp
#include<iostream>                                   //编译预处理命令
using namespace std;                                 //使用命名空间 std

//声明整型类
```

```
class Integer
{
private:
//数据成员
    int num;                                                    //数据值

public:
//公有函数
    Integer(int n=0): num(n){}                                  //构造函数
    void Set(int n) { num=n; }                                  //设置数据值
    int Get() const { return num; }                             //返回数据值
};

Integer operator+(const Integer &a, const Integer &b)           //重载加法运算符"+"
{ return Integer(a.Get()+b.Get()); }

int main()                                                       //主函数 main()
{
    Integer i(6), j(9), k;                                      //定义整型对象
    k=i+j;                              //对整型对象求加法运算,i+j 等价于 operator+(i,j)
    cout<<i.Get()<<"+"<<j.Get()<<"="<<k.Get()<<endl;            //输出数值

    system("PAUSE");                   //调用库函数 system(),输出系统提示信息
    return 0;                          //返回值 0,返回操作系统
}
```

程序运行时屏幕输出如下:

```
6+9=15
请按任意键继续...
```

在本例中,"i+j"实质为"operator+(i,j)",也就是调用其函数"Integer operator+ (const Integer &a, const Integer &b)"。

一般地讲,单目运算符最好重载为类的成员函数,双目运算符最好重载为类的友元函数或普通函数。

*4.3 典型运算符重载

4.3.1 重载赋值运算符"="

可以重载赋值运算符"=",由于赋值运算符重载后实现将一个表达式的值赋值给用户自定义对象,也就是赋值运算符的第一个操作数是类型为用户自定义类的对象,因此 C++规定赋值运算符"="只能重载为类的成员函数,一般重载格式为:

```
类名 类名::operator=(const 类名 & 源对象)
{
    if (this !=& 源对象)
```

```
    {                                                      //目的对象与源对象不是同一个对象
       ...                                                 //复制被赋值对象
    }
    return * this;                                         //返回目的对象
}
```

如果用户没有为一个类重载赋值运算符,编译程序将生成一个默认赋值运算符函数。默认赋值运算符函数把源对象的数据成员逐个地复制到目的对象的相应数据成员,对于一般的类,使用默认赋值运算符函数都能正常地工作,但当一个类中包含有指针类型的数据成员,并且通过指针在构造函数中动态分配了存储空间,在析构函数中通过指针释放了动态存储空间,这种情况可能会出现运行时错误,下面通过例题加以说明。

例 4.9 使用赋值运算符出现运行时错误的示例。

```
//文件路径名:e4_9\main.cpp
#include<iostream>                                         //编译预处理命令
using namespace std;                                       //使用命名空间 std

class String
{
private:
//数据成员
    char * strValue;                                       //串值

public:
//公有成员
    String(char * s="")                                    //构造函数
    {
        if (s==NULL) s="";                                 //将空指针转化为空串
        strValue=new char[strlen(s)+1];                    //分配存储空间
        strcpy(strValue, s);                               //复制串值
    }
    String(const String &copy)                             //复制构造函数
    {
        strValue=new char[strlen(copy.strValue)+1];        //分配存储空间
        strcpy(strValue, copy.strValue);                   //复制串值
    }
    ~String() { delete []strValue; }                       //析构函数
    void Show() const { cout<<strValue<<endl; }            //显示串

};

int main()                                                 //主函数 main()
{
    String s1("try"), s2;                                  //定义对象
    s2=s1;                                                 //使用默认赋值运算符函数
```

```
        s1.Show();                              //显示串 s1
        s2.Show();                              //显示串 s2

        system("PAUSE");                        //调用库函数 system(),输出系统提示信息
        return 0;                               //返回值 0,返回操作系统
    }
```

程序运行时屏幕输出如下：

```
try
try
请按任意键继续...
```

当用户按任一键时,在 Visual C++ 6.0、Visual C++ 2005 和 Visual C++ 2005 Express 环境中,屏幕将会显示类似"Debug Assertion Failed!"的错误,并中断程序的执行,这是因为在执行"String s1("try");"语句时,构造函数动态地分配存储空间,并将返回的地址赋给对象 s1 的数据成员 strValue,然后把"try"拷贝到这块空间中,如图 4.1 所示。

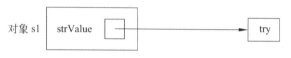

图 4.1   s1 对象的内存空间示意图

执行语句"s2＝s1;"时,由于没有为类 String 重载赋值运算符,系统将调用默认赋值运算符函数,负责将对象 s1 的数据成员 strValue 中存放的地址值赋值给对象 s2 的数据成员 strValue,这时内存空间的示意如图 4.2 所示。

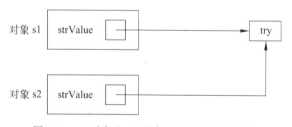

图 4.2   s1 对象和 s2 对象的内存空间示意图

在图 4.2 中,对象 s1 复制给对象 s2 的仅是其数据成员 strValue 的值,并没有把 strValue 指向的动态存储空间进行复制,当遇到对象的生命期结束需要撤销对象时,首先由 s2 对象调用析构函数,将 strValue 成员所指向的字符串"try"所在的动态空间释放,此时的内存状态如图 4.3 所示。

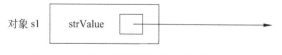

图 4.3   s2 执行析构函数后内存空间示意图

从图 4.3 可以看出,在对象 s1 自动调用析构函数之前,对象 s1 的数据成员 strValue 指

向已释放的内存空间,因此在 s1 调用析构函数时,无法正确执行析构函数代码"delete []
strValue",从而导致出错。

在 Dev-C++ 和 MinGW Developer Studio 环境中没有出现上述错误现象,原因是在发
现 delete 要释放一个已释放的空间时,不再作释放操作。

为避免出错,可重载赋值运算符,复制指针数据成员 strValue 所指向的动态空间中的
内容。这样,两个对象的指针成员 strValue 就拥有不同的地址值,指向不同的动态存储空
间,而两个动态空间中的内容完全一样,如图 4.4 所示。

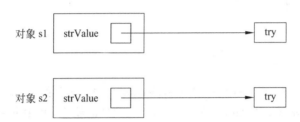

图 4.4　重载赋值运算符实现复制 strValue 指向的动态空间的内容示意图

例 4.10　重载赋值运算符避免例 4.9 使用默认赋值运算符的副作用。

```
//文件路径名:e4_10\main.cpp
#include<iostream>                                 //编译预处理命令
using namespace std;                               //使用命名空间 std

class String
{
private:
//数据成员
    char * strValue;                               //串值

public:
//公有成员
    String(char * s="")                            //构造函数
    {
        if (s==NULL) s="";                         //将空指针转化为空串
        strValue=new char[strlen(s)+1];            //分配存储空间
        strcpy(strValue, s);                       //复制串值
    }
    String(const String &copy)                     //复制构造函数
    {
        strValue=new char[strlen(copy.strValue)+1] //分配存储空间
        strcpy(strValue, copy.strValue);           //复制串值
    }
    String operator= (const String &copy);         //重载赋值运算符
    ~String() { delete []strValue; }               //析构函数
    void Show() const { cout<<strValue<<endl; }    //显示串

};
```

```
String String::operator= (const String &copy)                    //重载赋值运算符
{
    if (this!=&copy)
    {    //目的对象与源对象不是同一个对象
        strValue=new char[strlen(copy.strValue)+1];              //分配存储空间
        strcpy(strValue, copy.strValue);                         //复制串值
    }
    return * this;                                               //返回目的对象
}
```

```
int main()                                     //主函数 main()
{
    String s1("try"), s2;                      //定义对象
    s2=s1;                                     //使用重载赋值运算符

    s1.Show();                                 //显示串 s1
    s2.Show();                                 //显示串 s2

    system("PAUSE");                           //调用库函数 system( ),输出系统提示信息
    return 0;                                  //返回值 0, 返回操作系统
}
```

程序运行时屏幕输出如下:

```
try
try
请按任意键继续...
```

重载赋值运算符后后,例 4.10 将不会出现运行时错误。

4.3.2 重载自增 1 运算符"十十"和自减 1 运算符"－－"

在 C++ 中,自增 1 运算符"＋＋"和自减 1 运算符"－－"是单目运算符,它们功能是使变量自增 1 和自减 1。这两个运算符还有前缀和后缀的差别,＋＋a 和－－a 是前缀使用方式,a＋＋和 a－－是后缀使用方式,在当前的 C++ 标准中,对此作了特殊约定,对于前缀使用方式,与一般单目运符的重载方式相同,对于后缀使用方式,在进行运算符的重载函数中增加一个整型参数,并且这两个运算符可以重载为类的成员函数,类的友元函数和普通函数,具体重载函数的声明格式如下:

```
类名 operator++();                    //前缀自增 1 运算符"++"重载为类的成员函数
类名 operator++(int);                 //后缀自增 1 运算符"++"重载为类的成员函数
类名 operator--();                    //前缀自减 1 运算符"--"重载为类的成员函数
类名 operator--(int);                 //后缀自减 1 运算符"--"重载为类的成员函数
friend 类名 operator++(类名 &);       //前缀自增 1 运算符"++"重载为类的友元函数
friend 类名 operator++(类名 &, int);  //后缀自增 1 运算符"++"重载为类的友元函数
friend 类名 operator--(类名 &);       //前缀自减 1 运算符"--"重载为类的友元函数
friend 类名 operator--(类名 &, int);  //后缀自减 1 运算符"--"重载为类的友元函数
```

```
类名 operator++ (类名 &);              //前缀自增 1 运算符"++"重载为普通函数
类名 operator++ (类名 &, int);         //后缀自增 1 运算符"++"重载为普通函数
类名 operator-- (类名 &);              //前缀自减 1 运算符"--"重载为普通函数
类名 operator-- (类名 &, int);         //后缀自减 1 运算符"--"重载为普通函数
```

例 4.11　重载自增 1 运算符"＋＋"和自减 1 运算符"－－"示例。

```cpp
//文件路径名:e4_11\main.cpp
#include<iostream>                   //编译预处理命令
using namespace std;                 //使用命名空间 std

#include<iostream>                   //编译预处理命令
using namespace std;                 //使用命名空间 std


//声明整型类
class Integer
{
private:
//数据成员
    int num;                         //数据值


public:
//公有函数
    Integer(int n=0): num(n){}       //构造函数
    void Set(int n) { num=n; }       //设置数据值
    int Get() const { return num; }  //返回数据值
    Integer operator++() { return Integer(++num); }
                                     //重载前缀自增 1 运算符"++"为类的成员函数
    Integer operator++(int i) { return Integer(num++); }
                                     //重载后缀自增 1 运算符"++"为类的成员函数
    friend Integer operator-- (Integer &a)
                                     //重载前缀自减 1 运算符"--"为类的友元函数
    { return Integer(--a.num); }
};

Integer operator-- (Integer &a, int i)   //重载后缀自减 1 运算符"--"为普通函数
{
    Integer tem=a;                   //用 tem 暂存 a
    a=Integer(a.Get()-1);            //a 的值减 1
    return tem;                      //返回 a 原来的值,也就是 tem
}

int main()                           //主函数 main()
{
    Integer i, j;                    //定义整型对象
```

```
    i.Set(6);                          //设置数据值
    j=++i;                             //对 i 作前缀自增 1 运算,++i 等价于 i.operator++()
    cout<<i.Get()<<","<<j.Get()<<endl;  //输出数据值

    i.Set(6);                          //设置数据值
    j=i++;                             //对 i 作后缀自增 1 运算,i++等价于 i.operator++(0)
    cout<<i.Get()<<","<<j.Get()<<endl;  //输出数据值

    i.Set(6);                          //设置数据值
    j=--i;                             //对 i 作前缀自减 1 运算,--i 等价于 operator--(i)
    cout<<i.Get()<<","<<j.Get()<<endl;  //输出数据值

    i.Set(6);                          //设置数据值
    j=i--;                             //对 i 作后缀自减 1 运算,i--等价于 operator--(i, 0)
    cout<<i.Get()<<","<<j.Get()<<endl;  //输出数据值

    system("PAUSE");                   //调用库函数 system(),输出系统提示信息
    return 0;                          //返回值 0, 返回操作系统
}
```

程序运行时屏幕输出如下:

```
7,7
7,6
5,5
5,6
请按任意键继续...
```

重载后缀自增运算符"――"为普通函数"Integer operator――(Integer &a, int i)"时,求要返回 a 自减 1 之前的值,需要创建一个临时对象 tem,用来保存原来对象的值,只对原对象进行减 1 操作。返回对象原来的值,而不是原对象,原对象已经被做了减 1 修改。所以返回的是存放原值的临时对象。

4.3.3　重载下标运算符"[]"

下标运算符"[]"一般用于在数组中标识数组元素的位置,在 C/C++ 语言中,下标运算符"[]"是没有越界检查功能的。可以通过重载下标运算符"[]"实现一种更安全、功能更强的数组类型,由于下标运算符的使用方式是 a[i],第一个操作数为数组名,重载后就为用户自定义对象,因此 C++ 规定重载下标运算符"[]"只能重载为类的成员函数。

定义下标运算符"[]"的函数重载的一般声明格式如下:

```
返回值类型 &operator[](int);
```

例 4.12 重载下标运算符"[]"示例。

```cpp
//文件路径名:e4_12\main.cpp
#include<iostream>                              //编译预处理命令
using namespace std;                            //使用命名空间 std

//声明数组类模板
template<class ElemType>
class Array
{
private:
//数据成员
    ElemType * elem;                            //存储数据元素值
    int size;                                   //数组元素个数

public:
//公有函数
    Array(int sz): size(sz) { elem=new ElemType[size]; }   //构造函数
    ~Array(){ delete elem; }                    //析构函数
    ElemType &operator[](int i)                 //下标运算符"[]"只能重载为成员函数
    {
        if (i<0||i>=size)
        {
            cout<<"元素位置错!"<<endl;
            exit(1);                            //退出程序的运行,返回到操作系统
        }
        return elem[i];                         //返回 elem[i]
    }
};

int main()                                      //主函数 main()
{
    int a[]={1, 9, 7, 5, 6, 3};                 //定义数组 a
    int n=6;                                    //数组元素个数
    Array<int>obj(n);                           //定义数组对象
    int i;                                      //定义临时变量
    for (i=0; i<n; i++) obj[i]=a[i];            //设置数组元素值, obj[i]等价于 obj.operator[i]
    for (i=0; i<n; i++) cout<<obj[i]<<" ";      //输出元素值, obj[i]等价于 obj.operator[i]
    cout<<endl;                                 //换行

    system("PAUSE");                            //调用库函数 system(),输出系统提示信息
    return 0;                                   //返回值 0, 返回操作系统
}
```

程序运行时屏幕输出如下:

```
1 9 7 5 6 3
```

请按任意键继续...

在本例的下标运算符"[]"的重载函数中对数组下标进行超界判断,当超界时显示相应的错误信息,否则返回数组对应位置的元素。程序中下标运算符"[]"的重载函数"ElemType &operator[](int i)"返回值是关于类型 ElemType 的引用,实际就是返回的是数组的元素的别名,这样下标运算符"[]"的重载函数的调用可以出现在赋值语句的左边,使编制程序更灵活了。

4.3.4　重载函数调用运算符"()"

重载函数调用运算符"()"的用途是使类的对象可以像函数名称一样使用,运算符"()"是通过用户自定义对象来调用函数,也就是用户自定义对象是第一个操作数,因此 C++ 规定函数调用运算符"()"只能重载为类的成员函数,具体声明格式如下:

返回值类型 operator()(形参表);

在 C++ 中,由于上面的声明格式中形参表的参数个数并不确定,因此"()"是不确定目数运算符。

例 4.13　重载下标运算符"[]"示例。

```cpp
//文件路径名:e4_13\main.cpp
#include<iostream>                                //编译预处理命令
using namespace std;                              //使用命名空间 std

//声明数组类模板
template<class ElemType>
class Array
{
private:
//数据成员
    ElemType * elem;                              //存储数据元素值
    int size;                                     //数组元素个数

public:
//公有函数
    Array(int sz): size(sz) { elem=new ElemType[size]; }     //构造函数
    ~Array(){ delete elem; }                                 //析构函数
    ElemType &operator()(int i)               //函数调用运算符只能重载为成员函数
        {
            if (i<0||i>=size)
            {
                cout<<"元素位置错!"<<endl;
                exit(1);                      //退出程序的运行,返回到操作系统
            }
            return elem[i];                   //返回 elem[i]
        }
```

107

```
    };

    int main()                                          //主函数 main()
    {
        int a[]={1, 9, 7, 5, 6, 3};                     //定义数组 a
        int n=6;                                        //数组元素个数
        Array<int>obj(n);                               //定义数组对象
        int i;                                          //定义临时变量
        for (i=0; i<n; i++) obj(i)=a[i];        //设置数组元素值,obj(i)等价于 obj.operator(i)
        for (i=0; i<n; i++) cout<<obj(i)<<" ";  //输出元素值,obj(i)等价于 obj.operator(i)
        cout<<endl;                         //换行

        system("PAUSE");                    //调用库函数 system( ),输出系统提示信息
        return 0;                           //返回值 0, 返回操作系统
    }
```

程序运行时屏幕输出如下：

```
1 9 7 5 6 3
请按任意键继续 ...
```

在本例的函数调用运算符"()"的重载函数"ElemType &operator()(int i)"的返回值是关于类型 ElemType 的引用,也就是实际上返回一个变量的别名,可使函数调用运算"()"的重载函数的调用出现在赋值语句的左边,这样增加了程序灵活性。

4.3.5　重载输入运算符">>"和输出运算符"<<"

C++ 编译系统都在类库中提供输入流类和输出流类。cin 和 cout 分别是标准输入流对象和标准输出流对象。只要包含头文件"iostream"或"iostream. h",输入运算符">>"和输出运算符"<<"就能对标准类型数据进行输入和输出。

对于用户自定义的对象,是不能直接用"<<"和">>"来进行输出和输入的。如果读者要用它们输出和输入自定义的对象,必须对它们进行重载。

输入运算符">>"和输出运算符"<<"的重载函数的声明一般形如下：

```
friend istream &operator>> (istream &, 类名 &);       //重载为类的友元函数
friend ostream &operator<< (ostream &, const 类名 &);  //重载为类的友元函数
istream &operator>> (istream &, 类名 &);               //重载为普通函数
ostream &operator<< (ostream &, const 类名 &);         //重载为普通函数
```

输入运算符">>"的重载函数的第一个参数的类型是 istream 的引用类型,第二个参数是要进行输入操作的类的引用。输出运算符"<<"的重载函数的第一个参数的类型是 ostream 的引用类型,第二个参数是要进行输出操作的类的常引用。因此输入运算符">>"和输出运算符"<<"的重载函数不能通过用户自定义对象来进行调用,也就是不能通过用户自定义对象的成员函数来调用,所以只能将">>"和"<<"的重载函数声明为的类友元函数或普通的函数。

例 4.14 重载输入运算符"＞＞"和输出运算符"＜＜"示例。

```
//文件路径名:e4_14\main.cpp
#include<iostream>                                        //编译预处理命令
using namespace std;                                      //使用命名空间 std

//声明复数类
class Complex
{
private:
//数据成员
    double real;                                          //实部
    double image;                                         //虚部

public:
//公有函数
    Complex(double r=0, double i=0): real(r), image(i){}  //构造函数
    double GetReal() const { return real; }               //返回实部
    double GetImage() const { return image; }             //返回虚部
    void SetReal(double r) { real=r; }                    //设置实部
    void SetImage(double i) { image=i; }                  //设置虚部
};

istream &operator>> (istream &in, Complex &z)             //重载输入运算符">>"
{
    double r, i;                                          //表示实部(r)和虚部(i)
    cout<<"输入实部:";
    in>>r;                                                //输入实部
    cout<<"输入虚部:";
    in>>i;                                                //输入虚部
    z.SetReal(r);                                         //设置实部
    z.SetImage(i);                                        //设置虚部
    return in;                                            //返回输入流对象
}

ostream &operator<< (ostream &out, const Complex &z)      //重载输出运算符"<<"
{
    if (z.GetImage()<0) cout<<z.GetReal()<<z.GetImage()<<"i";      //虚部为负
    else if (z.GetImage()==0) cout<<z.GetReal();                   //虚部为 0
    else cout<<z.GetReal()<<"+"<<z.GetImage()<<"i";                //虚部为正
    return out;                                           //返回输出流对象
}

int main()                                                //主函数 main()
{
    Complex z;                                            //定义复数对象
```

```
cin>>z;                        //输入 z, cin>>z 等价于 operator>>(cin, z)
cout<<z<<endl;                 //输出 z, cout<<z 等价于 operator<<(cout, z)

system("PAUSE");               //调用库函数 system(),输出系统提示信息
return 0;                      //返回值 0, 返回操作系统
}
```

程序运行时屏幕输出参考如下：

输入实部：6

输入虚部：8

6+8i

请按任意键继续...

本例程序只将输入运算符"＞＞"和输出运算符"＜＜"重载为普通函数,关于重载为类的友元函数的情况将在程序陷阱中加以讨论。

可以看到在对输入运算符"＞＞"和输出运算符"＜＜"进行重载后,在程序中就可以用"＞＞"输入用户自定义对象,也可用"＜＜"输出用户自定义对象。用"cout＜＜ z"就能以复数形式输出复数对象 z 的值。这样程序的可读性更好,易于使用。

4.4 程序陷阱

1. 在友元函数或普通函数的函数头的尾部加上关键字 const

只有成员函数才能在函数头的尾部加上关键字 const 成为常成员函数,而友元函数或普通函数不是成员函数,所以不能在友元函数或普通函数的函数头的部尾部加上关键字 const,就是作者在编程时也经常会犯这方面的错误,例如：

```
void Show() const;              //正确,成员函数可以在函数头的尾部加 const
friend void Show(const Integer &z) const;
                                //错,友元函数不是成员函数,不能在函数头的尾部加 const
```

2. 将运算符重载为类的友元函数

通过例 4.2、例 4.5 和例 4.6 可以看出,很多运算符重成为类的友元函数时,如果采用标准 C++ 的头文件 iostream,可以 Visual C++ 2005、Visual C++ 2005 Express、Dev-C++ 和 MinGW Developer Studio 都能正常运行,但在 Visual C++ 6.0 下会出现的编译器错误,在 Visual C++ 6.0 中只能采用传统的头文件 iostream. h 才通过编译。

3. 输入运算符"＞＞"和输出运算符"＜＜"的重载问题

输入运算符"＞＞"和输出运算符"＜＜"重载为类的友元函数时,采用标准头文件 iostrteam,在 Visual C++ 6.0、Visual C++ 2005、Visual C++ 2005 Express, Dev-C++ 和 MinGW Developer Studio 中都不能通过编译,只能在 Visual C++ 6.0 中采用传统的头文件 iostream. h 才能通过编译。将输入运算符"＞＞"和输出运算符"＜＜"的重载为普通函数就不会出现任何编译问题。

4.5 习　题

一、选择题

1. 通过运算符重载,可以改变运算符原有的_____。

A) 操作数类型　　　　B) 操作数个数　　　　C) 优先级　　　　D) 结合性

2. 运算符重载是对已有的运算符赋予多重含义,因此_____。

A) 可以对基本类型(如 int 类型)的数据,重新定义"＋"运算符的含义

B) 可以改变一个已有运算符的优先级和操作数个数

C) 只能重载 C++ 中已经有的运算符,不能定义新运算符

D) C++ 中已经有的所有运算符都可以重载

3. 下列关于运算符重载的描述中,正确的是_____。

A) 运算符重载为成员函数时,若参数表中无参数,重载的一定是一元运算符

B) 一元运算符只能作为成员函数重载

C) 二元运算符作为非成员函数重载时,参数表中只有一个参数

D) C++ 中可以重载所有的运算符

4. 在重载一个运算符为成员函数时,其参数表中没有任何参数,这说明该运算符是_____。

A) 后缀一元运算符　　　　　　　　　　B) 前缀一元运算符

C) 无操作数的运算符　　　　　　　　　D) 二元运算符

二、填空题

1. 若以非成员函数形式为类 MyClass 重载"!"运算符,其操作结果为一个 bool 型数,则该运算符重载函数的原型是_____。

2. 若将一个二元运算符重载为类的成员函数,其形参个数应该是_____个。

3. 运算符重载使用的关键字是_____。

三、编程题

1. 定义一个复数类 Complex,重载运算符"＋","－"," ＊ ",使之能用于复数的加、减、乘。编程序,分别求两个复数之和、差与积。

2. 设计一个日期类 Date,要求:

(1) 包含年(year)、月(month)和日(day)私有数据成员。

(2) 包含构造函数,重载输出运算符"＜＜"与重载输入运算符"＞＞"。

＊3. 设计一个时间类 Time,要求:

(1) 包含时(hour)、分(minute)和秒(second)私有数据成员。

(2) 包含构造函数,重载关于一时间加上另一时间的加法运算符"＋"、重载输出运算符"＜＜"与重载输入运算符"＞＞"。

第5章 继 承

在 C 程序设计中,人们一般要为每个应用单独地进行程序开发,这是由于每种应用的要求,程序结构以及具体编码都不同,这种方法重复工作量很大,这是由于 C 语言缺乏软件重用的机制。面向对象技术强调软件的可重用性。C++ 语言提供了模板和类的继承机制较好地解决了软件重用问题,模板在第 3 章中作详细的讨论,本章介绍类的继承方法。

5.1 继承与派生

5.1.1 继承与派生的概念

类的继承指新类从已有类那里得到已有的特性。从已有类产生新类的过程就是类的派生。类的继承使程序员无需修改已有类,只要在已有类的基础上,通过增加少量代码或修改少量代码的方法得到新的类,这样较好地解决了代码重用的问题。在由已有类产生新类时,新类包含了已有类的特征,同时也可以加入新特性。已有类称为基类或父类,新类称为派生类或子类。派生类也可以作为基类派生出新的类,这样就形成了类的层次结构。

下面通过实例说明为什么要使用继承。现有一个类 Person(人),包含有 name(姓名),age(年龄)、sex(性别)等数据成员与相关成员函数,具体声明如下:

```cpp
//声明类 Person(人)
class Person
{
protected:
//数据成员
    char name[18];                                          //姓名
    int age;                                                //年龄
    char sex[3];                                            //性别

public:
//公有函数
    Person(char nm[], int ag, char sx[]): age(ag){ strcpy(name, nm); strcpy(sex, sx); }
                                                            //构造函数
    void SetName(char nm[]) { strcpy(name, nm); }           //设置姓名
    void SetAge(int ag) { age=ag;; }                        //设置年龄
    void SetSex(char sx[]) { strcpy(sex, sx); }             //设置性别
    const char * GetName() const { return name; }           //返回姓名
    int GetAge() const { return age; }                      //返回年龄
    const char * GetSex() const { return sex; }             //返回性别
    void Show() const;                                      //显示相关信息
};
```

现在要声明另一个类 Student(学生)，包含有 num(学号)，name(姓名)，age(年龄)，sex(性别)数据成员与相关成员函数，具体声明如下：

```
//声明类 Student(学生)
class Student
{
protected:
//数据成员
    int num;                                                    //学号
    char name[18];                                              //姓名
    int age;                                                    //年龄
    char sex[3];                                                //性别

public:
//公有函数
    Student(int n, char nm[], int ag, char sx[]): num(n), age(ag)   //构造函数
    { strcpy(name, nm); strcpy(sex, sx); }
    void SetNum(int n) { num=n; }                               //设置学号
    void SetName(char nm[]) { strcpy(name, nm); }               //设置姓名
    void SetAge(int ag) { age=ag;; }                            //设置年龄
    void SetSex(char sx[]) { strcpy(sex, sx); }                 //设置性别
    int GetNum() const { return num; }                          //返回学号
    const char * GetName() const { return name; }               //返回姓名
    int GetAge() const { return age; }                          //返回年龄
    const char * GetSex() const { return sex; }                 //返回性别
    void Show() const;                                          //显示相关信息
};
```

从以上两个类的声明中可以看出，这两个类中的数据成员和成员函数大部分是相同的。只要在类 Person(人)的基础上再增加数据成员 num(学号)，成员函数 SetNum()和 GetNum()，然后再对成员函数 Show()作适当修改就可以声明出类 Student(学生)。这样声明的两个类的代码严重重复。为提高代码的重用性，引入继承机制，将类 Student 说明成类 Person 的派生类，这样相同的成员在类 Student 中就不需要再次进行声明。

说明：在类 Person 和类 Student 中，使用了关键字 protected 将相关数据成员说明成保护成员。保护成员不但可以被本类的成员函数或友元函数所访问，还可以被本类的派生类的成员函数或友元函数访问，但类外的非友元函数的访问都是非法的。

5.1.2　派生类的声明

为便于大家理解怎样从类派生出另一个类，观察如下从类 Person 派生出类 Student 的方法。

```
//声明类 Person(人)
class Person
{
```

```
protected:
//数据成员
    char name[18];                                          //姓名
    int age;                                                //年龄
    char sex[3];                                            //性别

public:
//公有函数
    ...
};


//声明类 Student(学生)
class Student: public Person                                //声明为类 Person 的派生类
{
protected:
//数据成员
    int num;                                                //学号

public:
//公有函数
    void SetNum(int n) { num=n; }                           //设置学号
    int GetNum() const { return num; }                      //返回学号
    ...
};
```

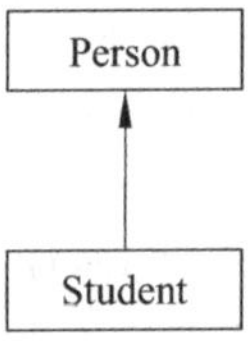

类 Person 和类 Student 之间的继承关系可用图 5.1 表
示,图中的箭头表示"继承于……",对于图 5.1 来讲,表示类
Student 继承于类 Person。

不难发现,在类名 Student 后跟的冒号后面,跟着关键
字 public 与类名 Person,这表示类 Student 将继承类 Person

图 5.1 类 Person 和类 Student
的继承关系

的特性。其中类 Person 为直接基类,简称为基类,类 Student 是直接派生类,简称为派生
类。关键字 public 指出派生的方式,告诉编译程序,派生类 Student 是从基类 Person 公有
派生。

一个派生类只有一个直接基类的情况,称为单继承。一个派生类同时有多个直接基类
的情况称为多继承。本节先介绍单继承,在 5.4 节将讨论多继承。

声明派生类的一般格式为:

```
class 派生类名:继承方式 基类名
{
    //派生类新增的数据成员和成员函数
    ...
};
```

其中"基类名"是一个已经定义的类的名称,"派生类名"是继承原有类的特性而生成的新类
的名称。"继承方式"表示如何访问从基类继承的成员,它可以是关键字 private、protected

和 public,分别表示私有继承、保护继承和公有继承。因此由类 Person 派生出类 Student 可以采用如下三种格式之一：

（1）公有继承

```
class Student: public Person                    //声明为类 Person 的公有派生类
{
    ...
};
```

（2）私有继承

```
class Student: private Person                   //声明为类 Person 的私有派生类
{
    ...
};
```

（3）保护继承

```
class Student: protected Person                 //声明为类 Person 的保护派生类
{
    ...
};
```

如果不显式地给出继承方式关键字，系统默认为私有继承（private）。一般采用公有继承方式。

例 5.1 声明基类 Person 和派生类 Student 说明由基类派生出派生类的方法示例。

```
//文件路径名:e5_1\main.cpp
#include<iostream>                               //编译预处理命令
using namespace std;                             //使用命名空间 std

//声明类 Person(人)
class Person
{
protected:
//数据成员
    char name[18];                              //姓名
    int age;                                    //年龄
    char sex[3];                                //性别

public:
//公有函数
    Person(char nm[], int ag, char sx[]): age(ag)    //构造函数
    { strcpy(name, nm); strcpy(sex, sx); }           //设置姓名
    void SetName(char nm[]) { strcpy(name, nm); }
    void SetAge(int ag) { age=ag;; }                 //设置年龄
    void SetSex(char sx[]) { strcpy(sex, sx); }      //设置性别
    const char * GetName() const { return name; }    //返回姓名
```

```cpp
    int GetAge() const { return age; }          //返回年龄
    const char * GetSex() const { return sex; } //返回性别
    void Show() const;                          //显示相关信息
};

void Person::Show() const                       //显示相关信息
{
    cout<<"姓名:"<<name<<endl;                   //显示姓名
    cout<<"年龄:"<<age<<endl;                    //显示年龄
    cout<<"性别:"<<sex<<endl;                    //显示性别
}


//声明类 Student(学生)
class Student: public Person                     //声明为类 Person 的派生类
{
protected:
//数据成员
    int num;                                     //学号


public:
//公有函数
    Student(int n, char nm[], int ag, char sx[]): Person(nm, ag, sx), num(n) {}
                                                 //构造函数
    void SetNum(int n) { num=n; }                //设置学号
    int GetNum() const { return num; }           //返回学号
    void Show() const;                           //显示相关信息
};

void Student::Show() const                       //显示相关信息
{
    cout<<"学号:"<<num<<endl;                     //显示学号
    cout<<"姓名:"<<name<<endl;                    //显示姓名
    cout<<"年龄:"<<age<<endl;                     //显示年龄
    cout<<"性别:"<<sex<<endl;                     //显示性别
}

int main()                                       //主函数 main()
{
    Student s(2008101, "张倩", 28, "男");          //定义对象
    s.Show();                                    //显示相关信息

    system("PAUSE");            //调用库函数 system( ),输出系统提示信息
    return 0;                   //返回值 0, 返回操作系统
}
```

程序运行时屏幕输出如下：

学号：2008101
姓名：张倩
年龄：28
性别：男
请按任意键继续...

从本程序可以看出，派生类的构造函数的参数初始化表要包含"基类构造函数名(参数表)"，表示调用基类的构造函数初始化基类的数据成员，一般派生类的构造函数参数初始化表格式如下：

基类构造函数名(参数表)，数据成员 1(参数表 1)，数据成员 2(参数表 2)，…

5.1.3　派生类与基类中的同名成员

在例 5.1 中，在派生类与基类中都定义了成员函数 Show()，实际上在声明派生类时，C++ 允许在派生类中定义的成员与基类中的成员名字相同，也就是说，派生类可以重新定义与基类成员同名的成员，在派生类中使用这样的成员意味着访问在派生类中重新定义的成员。为了在派生类中使用基类的同名成员，必须在该成员名之前加上基类名和作用域运算符"::"，必须使用下面格式才能访问到基类的同名成员。

基类名::成员名

例 5.2　通过"基类名::成员名"方试调用基类成员来改写例 5.1。

```cpp
//文件路径名:e5_2\main.cpp
#include<iostream>                                    //编译预处理命令
using namespace std;                                  //使用命名空间 std

//声明类 Person(人)
class Person
{
protected:
//数据成员
    char name[18];                                   //姓名
    int age;                                         //年龄
    char sex[3];                                     //性别

public:
//公有函数
    Person(char nm[], int ag, char sx[]): age(ag)    //构造函数
    { strcpy(name, nm); strcpy(sex, sx); }
    void SetName(char nm[]) { strcpy(name, nm); }     //设置姓名
    void SetAge(int ag) { age=ag;; }                 //设置年龄
    void SetSex(char sx[]) { strcpy(sex, sx); }       //设置性别
    const char * GetName() const { return name; }    //返回姓名
    int GetAge() const { return age; }               //返回年龄
    const char * GetSex() const { return sex; }      //返回性别
    void Show() const;                               //显示相关信息
```

```
    };

    void Person::Show() const                          //显示相关信息
    {
        cout<<"姓名:"<<name<<endl;                      //显示姓名
        cout<<"年龄:"<<age<<endl;                        //显示年龄
        cout<<"性别:"<<sex<<endl;                        //显示性别
    }


    //声明类 Student(学生)
    class Student: public Person                         //声明为类 Person 的派生类
    {
    protected:
    //数据成员
        int num;                                         //学号


    public:
    //公有函数
        Student(int n, char nm[], int ag, char sx[]): Person(nm, ag, sx), num(n) {}
                                                         //构造函数
        void SetNum(int n) { num=n; }                    //设置学号
        int GetNum() const { return num; }               //返回学号
        void Show() const;                               //显示相关信息
    };

    void Student::Show() const                           //显示相关信息
    {
        cout<<"学号:"<<num<<endl;                         //显示学号
        Person::Show();                                  //调用基类 Person 的成员函数 Show()
    }

    int main()                                           //主函数 main()
    {
        Student s(2008101, "张倩", 28, "男");             //定义对象
        s.Show();                                        //显示相关信息

        system("PAUSE");                                 //调用库函数 system(),输出系统提示信息
        return 0;                                        //返回值 0,返回操作系统
    }
```

程序运行时屏幕输出如下：

学号:2008101
姓名:张倩
年龄:28
性别:男

请按任意键继续 ...

在例 5.1 本例,基类与派生类中的 Show()成员函数有大部代码是相同的,本例采用 "Person::Show();"通过作用域运算符"::"指定调用基类 Person 的成员函数 Show(),这样避免了代码的重复,使用程序更短小。

5.2 继 承 方 式

在 5.1.2 节中关于派生类的声明格式中已讨论过继承方式,派生类对基类的继承方式包括 public(公有继承)、private(私有继承)和 protected(保护继承)共三种。继承方式用于规定基类成员在派生类中的访问权限,具体地讲:

(1) 公有继承:基类的公有成员和保护成员在派生类中仍然保持为公有成员和保护成员的访问权限,基类的私有成员在派生类中不可访问。

(2) 私有继承:基类的公用成员和保护成员在派生类中成了私有成员,基类的私有成员在派生类中不可访问。

(3) 保护继承:基类的公用成员和保护成员在派生类中成了保护成员,基类的私有成员仍在派生类中不可访问。

5.2.1 公有继承

采用公有继承方式建立的派生类称为公有派生类,其基类称为公有基类。采用公有继承方式时,基类的公有成员和保护成员在派生类中仍然保持公有成员和保护成员的访问权限,基类的私有成员在派生类中并没有成为派生类的私有成员,只有基类的成员函数或友元函数可以引用它,而不能被派生类的成员函数或友元函数引用,因此成为派生类中的不可访问的成员。公有继承方式的访问控制机制如图 5.2 所示,图中箭头表示"可以访问……"。

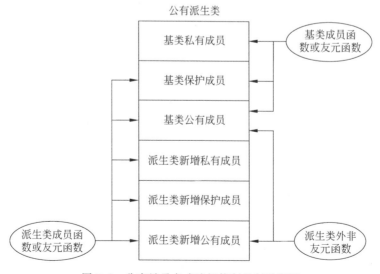

图 5.2 公有继承方式访问控制机制示意图

例 5.3 公有继承方式使用示例。

```cpp
//文件路径名:e5_3\main.cpp
#include<iostream>                                    //编译预处理命令
using namespace std;                                  //使用命名空间 std

//声明类 Person(人)
class Person
{
private:
//私有成员
    int age;                                          //年龄

protected:
//保护成员
    char sex[3];                                      //性别

public:
//公有成员
    char name[18];                                    //姓名
    Person(char nm[], int ag, char sx[]): age(ag)     //构造函数
    { strcpy(name, nm); strcpy(sex, sx); }
    int GetAge() const { return age; }                //返回年龄
};

//声明类 Student(学生)
class Student: public Person                          //声明为类 Person 的公有派生类
{
protected:
//数据成员
    int num;                                          //学号

public:
//公有函数
    Student(int n, char nm[], int ag, char sx[]): Person(nm, ag, sx), num(n) {}
                                                      //构造函数
    void Show() const;                                //显示相关信息
};

void Student::Show() const                            //显示相关信息
{
    cout<< "学号:"<<num<<endl;                         //显示学号,num 为派生类成员
    cout<< "姓名:"<<name<<endl;
                          //显示姓名,name 为基类公有成员,在派生类中保持为公有成员
//   cout<<"年龄:"<<age<<endl;
                          //显示年龄,错,age 为基类私有成员,在派生类中不可访问
```

```
    cout<<"年龄:"<<GetAge()<<endl;              //显示年龄,GetAge()为基类公有成员
    cout<<"性别:"<<sex<<endl;
                        //显示性别,sex 为基类保护成员,在派生类中保持为保护成员
}
int main()                                      //主函数 main()
{
    Student s(2008101, "张倩", 28, "男");        //定义对象
    cout<<s.name<<"的信息:"<<endl;               //name 为基类公有成员,可由类外非友元函数访问
    s.Show();                                   //显示相关信息

    system("PAUSE");                            //调用库函数 system(),输出系统提示信息
    return 0;                                    //返回值 0,返回操作系统
}
```

程序运行时屏幕输出如下:

张倩的信息:
学号:2008101
姓名:张倩
年龄:28
性别:男
请按任意键继续...

5.2.2　私有继承

用私有继承方式建立的派生类称为私有派生类,其基类称为私有基类。采用私有继承
方式时,私有基类的公用成员和保护成员在派生类中的访问权限相当于派生类中的私有成
员,即派生类的成员函数或友元函数能访问它们,而在派生类外非友元函数不能访问它们。
私有基类的私有成员在派生类中成为不可访问的成员,只有基类的成员函数或友元函数可
以引用它们。私有继承方式的访问控制机制如图 5.3 所示。

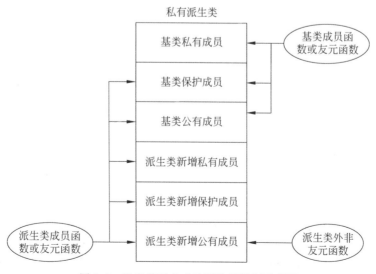

图 5.3　私有继承方式访问控制机制示意图

例 5.4 私有继承方式使用示例。

```cpp
//文件路径名:e5_4\main.cpp
#include<iostream>                              //编译预处理命令
using namespace std;                            //使用命名空间 std

//声明类 Person(人)
class Person
{
private:
//私有成员
    int age;                                    //年龄

protected:
//保护成员
    char sex[3];                                //性别

public:
//公有成员
    char name[18];                              //姓名
    Person(char nm[], int ag, char sx[]): age(ag)   //构造函数
    { strcpy(name, nm); strcpy(sex, sx); }
    int GetAge() const { return age; }          //返回年龄
};

//声明类 Student(学生)
class Student: private Person                    //声明为类 Person 的私有派生类
{
protected:
//数据成员
    int num;                                     //学号

public:
//公有函数
    Student(int n, char nm[], int ag, char sx[]): Person(nm, ag, sx), num(n) {}
                                                 //构造函数
    void Show() const;                           //显示相关信息
};

void Student::Show() const                       //显示相关信息
{
    cout<< "学号:"<<num<<endl;                   //显示学号,num 为派生类成员
    cout<< "姓名:"<<name<<endl;     //显示姓名,name 为基类公有成员,在派生类中变为私有成员
//  cout<< "年龄:"<<age<<endl;     //显示年龄,错,age 为基类私有成员,在派生类中不可访问
    cout<< "年龄:"<<GetAge()<<endl;             //显示年龄,GetAge()为基类公有成员
    cout<< "性别:"<<sex<<endl;      //显示性别,sex 为基类保护成员,在派生类中变为私有成员
```

```
}

int main()                                    //主函数 main()
{
    Student s(2008101, "张倩", 28, "男");      //定义对象
//  cout<<s.name<<"的信息:"<<endl;            //错,name 为基类公有成员,在派生类中变为私有成员
    s.Show();                                 //显示相关信息

    system("PAUSE");                          //调用库函数 system(),输出系统提示信息
    return 0;                                 //返回值 0,返回操作系统
}
```

程序运行时屏幕输出如下:

学号:2008101
姓名:张倩
年龄:28
性别:男
请按任意键继续...

5.2.3 保护成员和保护继承

1. 保护成员

访问权限为 protected 的成员称为受保护的成员,简称保护成员。保护成员和私有成员类似,不能被类外非友元函数所访问,但与私有成员不同的是保护成员可以被派生类的成员函数或友元函数所访问。

如果基类声明了私有成员,那么派生类的成员函数或友元函数都不能访问它们,如果希望在派生类的成员函数或派生类的友元函数中能访问它们,则应将它们声明为保护成员。如果将一个类中的成员声明为保护成员,就表示该类可能要用作基类,并在派生类中成员函数或友元函数会访问这些成员。

例 5.5 保护成员使用示例。

```
//文件路径名:e5_5\main.cpp
#include<iostream>                            //编译预处理命令
using namespace std;                          //使用命名空间 std

//声明基类 A
class A
{
protected:
//保护成员
    int a;                                    //数据成员

public:
//公有函数
    A(int x):a(x){}                           //构造函数
```

```cpp
};

//声明派生类 B
class B: public A
{
public:
//公有函数
    B(int x): A(x){}                               //构造函数
    void Show() const { cout<<a<<endl; };          //显示相关信息,可以访问基类保护成员
};

int main()                                         //主函数 main()
{
    B obj(8);                                      //定义对象
//  cout<<obj.a<<endl;                             //错,基类保护成员,不能被派生类外非友元函数所访问
    obj.Show();                                    //显示相关信息

    system("PAUSE");                               //调用库函数 system(),输出系统提示信息
    return 0;                                      //返回值 0,返回操作系统
}
```

程序运行时屏幕输出如下:

8
请按任意键继续...

2. 保护继承

采用保护继承方式建立的派生类称为保护派生类,其基类称为保护基类。采用保护继承方式时,保护基类的公用成员和保护成员在派生类中都成了保护成员,可以被派生类的成员函数或友元函数所访问,而不能被派生类外非友元函数所访问,基类的私有成员在派生类中不可访问。保护继承方式的访问控制机制如图5.4所示。

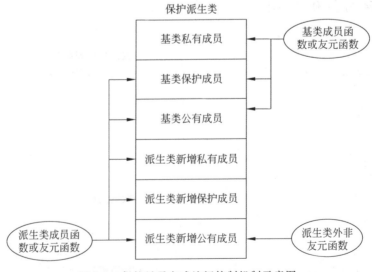

图 5.4　保护继承方式访问控制机制示意图

例5.6 保护继承方式使用示例。

```cpp
//文件路径名:e5_6\main.cpp
#include<iostream>                        //编译预处理命令
using namespace std;                      //使用命名空间 std

//声明类 Person(人)
class Person
{
private:
//私有成员
    int age;                              //年龄

protected:
//保护成员
    char sex[3];                          //性别

public:
//公有成员
    char name[18];                        //姓名
    Person(char nm[], int ag, char sx[]): age(ag)   //构造函数
    { strcpy(name, nm); strcpy(sex, sx); }
    int GetAge() const { return age; }    //返回年龄
};

//声明类 Student(学生)
class Student: protected Person           //声明为类 Person 的保护派生类
{
protected:
//数据成员
    int num;                              //学号

public:
//公有函数
    Student(int n, char nm[], int ag, char sx[]): Person(nm, ag, sx), num(n) {}
                                          //构造函数
    void Show() const;                    //显示相关信息
};

void Student::Show() const                //显示相关信息
{
    cout<<"学号:"<<num<<endl;              //显示学号,num 为派生类成员
    cout<<"姓名:"<<name<<endl;
                //显示姓名,name 为基类公有成员,在派生类中变为保护成员
```

```
//    cout<<"年龄:"<<age<<endl;    //显示年龄,错,age 为基类私有成员,在派生类中不可访问
      cout<<"年龄:"<<GetAge()<<endl;                //显示年龄,GetAge()为基类公有成员
      cout<<"性别:"<<sex<<endl;     //显示性别,sex 为基类保护成员,在派生类中仍为保护成员
}

int main()                                         //主函数 main()
{
    Student s(2008101, "张倩", 28, "男");           //定义对象
//  cout<<s.name<<"的信息:"<<endl;  //错,name 为基类公有成员,在派生类中变为保护成员
    s.Show();                         //显示相关信息

    system("PAUSE");                  //调用库函数 system(),输出系统提示信息
    return 0;                         //返回值 0,返回操作系统
}
```

程序运行时屏幕输出如下:

学号:2008101
姓名:张倩
年龄:28
性别:男
请按任意键继续...

表 5.1 总结了各种继承方式中派生类对基类各类成员的访问控制。

表 5.1　各种继承方式中派生类对基类各类成员的访问控制

继承方式 访问权限	公有派生	私有派生	保护派生
公有成员	在派生类中为公有成员,可以由派生类的成员函数、友元函数和派生类外非友元函数访问	在派生类中为私有成员,可以由派生类的成员函数、友元函数访问	在派生类中为保护成员,可以由派生类的成员函数、友元函数访问
私有成员	在派生类中不可访问,但派生类可通过调用基类的公有函数或保护函数间接访问	在派生类中不可访问,但派生类可通调过用基类的公有函数或保护函数间接访问	在派生类中不可访问,但派生类可通过调用基类的公有函数或保护函数间接访问
保护成员	在派生类中为保护成员,可以由派生类的成员函数、友元函数访问	在派生类中为私有成员,可以由派生类的成员函数、友元函数访问	在派生类中为保护成员,可以由派生类的成员函数、友元函数访问

　　基类的私有成员在派生类中不可访问,但由于基类的公有成员函数或保护成员函数可访问基类的私有成员,所以派生类可通过调用基类的公有函数或保护函数间接访问基类私有成员。

　　比较一下私有继承方式和保护继承方式可以发现,在直接派生类中,以上两种继承

方式的作用实际上是相同的,都是在类外非友函数不能访问基类成员,但可通过派生类的成员函数或友元函数间接访问基类中的公有成员和保护成员。但如果再继续派生下去,区别就会出现,由类 A 派生出类 B,再由类 B 派生出类 C,这种继承关系称为多级继承,如图 5.5 所示,如果 B 私有继承 A 后又派生出 C,那么 A 中的公有和保护成员在 B 中都是私有成员,因此 A 的成员在 C 中都是不可访问的,也就是对 A 功能的继承在 B 中就终止了;而如果 B 保护继承 A 后又派生出 C,那么 A 中的公有和保护成员在 B 中都是保护成员,A 的公有成员和保护成员可以被 C 的成员函数或友元函数所访问,因此 A 的功能可以被 C 间接继承。

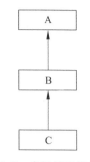

图 5.5　多级继承示意图

例 5.7　私有继承方式在多级继承中的使用示例。

```cpp
//文件路径名:e5_7\main.cpp
#include<iostream>                              //编译预处理命令
using namespace std;                            //使用命名空间 std

//声明基类 A
class A
{
protected:
//保护成员
    int a;                                      //数据成员

public:
//公有函数
    A(int x): a(x){}                            //构造函数
};

//声明派生类 B
class B: private A                              //类 B 私有继承类 A
{
public:
//公有函数
    B(int x): A(x){}                            //构造函数
    int GetA() const { return a; };            //返回基类数据成员 a
};

//声明派生类 C
class C: public B
{
public:
//公有函数
    C(int x): B(x){}                            //构造函数
    void Show() const                           //显示相关信息
```

127 •

```
    {
//   cout<<a<<endl;                      //错,类 A 的成员在类 C 中都是不可访问的
        cout<<GetA()<<endl;              //正确,类 B 的公有函数可以继续地访问类 A 的成员
    }
};

int main()                               //主函数 main()
{
    C obj(8);                            //定义对象
    obj.Show();                          //显示相关信息

    system("PAUSE");                     //调用库函数 system(),输出系统提示信息
    return 0;                            //返回值 0,返回操作系统
}
```

程序运行时屏幕输出如下:

```
8
请按任意键继续...
```

例 5.8 保护继承方式在多级继承中的使用示例。

```
//文件路径名:e5_8\main.cpp
#include<iostream>                       //编译预处理命令
using namespace std;                     //使用命名空间 std


//声明基类 A
class A
{
protected:
//保护成员
    int a;                               //数据成员

public:
//公有函数
    A(int x): a(x){}                     //构造函数
};

//声明派生类 B
class B: protected A                      //类 B 保护继承类 A
{
public:
//公有函数
    B(int x): A(x){}                     //构造函数
};

//声明派生类 C
```

```
class C: public B
{
public:
//公有函数
    C(int x): B(x){}                  //构造函数
    void Show() const                 //显示相关信息
    { cout<<a<<endl; }   //类A的公有成员和保护成员可以被类C的成员函数或友元函数所访问
};

int main()                            //主函数main()
{
    C obj(8);                         //定义对象
    obj.Show();                       //显示相关信息

    system("PAUSE");                  //调用库函数system(),输出系统提示信息
    return 0;                         //返回值0,返回操作系统
}
```

程序运行时屏幕输出如下:

```
8
请按任意键继续...
```

一般都希望派生类的对象既能使用基类公有函数所提供的功能,又能使用派生类自己定义的新功能,也就是说,希望派生类外的非友元函数既能调用基类的公有函数又能调用自身新增加的公有函数,因此一般采用公有继承方式比较合适。

5.3 派生类的构造函数和析构函数

5.3.1 构造函数

基类的构造函数不能被派生类所继承,因此在设计派生类的构造函数时,不仅要考虑派生类增加的数据成员的初始化,而且还应考虑基类的数据成员初始化。就是要在执行派生类的构造函数时,要使派生类的数据成员和基类的数据成员都被初始化。在派生类中初始化基类数据成员的方法是在执行派生类的构造函数时,调用基类的构造函数。具体体现在定义派生类构造函数时,在参数初始化表中写上基类构造函数名和相关参数,具体派生类构造函数的定义一般格式如下:

派生类名(形参表): 基类构造函数名(基类构造函数参数表),数据成员1(数据成员参数表1),数据成员2(数据成员参数表2),…
```
{
    …                                 //函数体
}
```

例 5.9 定义派生类构造函数的示例。

```cpp
//文件路径名:e5_9\main.cpp
#include<iostream>                                    //编译预处理命令
using namespace std;                                  //使用命名空间 std

//声明基类 A
class A
{
private:
//私有成员
    int a;                                            //数据成员

public:
//公有函数
    A(int x): a(x){}                                  //构造函数
    void Show() const { cout<<"a:"<<a<<endl; }        //输出相关信息
};

//声明派生类 B
class B: public A
{
private:
//私有成员
    int b;                                            //数据成员

public:
//公有函数
    B(int x, int y): A(x), b(y){}                     //构造函数
    void Show() const                                 //输出相关信息
    {
        A::Show();                                    //调用类 A 的成员函数 Show()
        cout<<"b:"<<b<<endl;                          //输出 b
    }
};

int main()                                            //主函数 main()
{
    B obj(8, 9);                                      //定义对象
    obj.Show();                                       //输出相关信息

    system("PAUSE");                                  //调用库函数 system( ),输出系统提示信息
    return 0;                                         //返回值 0,返回操作系统
}
```

程序运行时屏幕输出如下：

```
a:8
b:9
请按任意键继续...
```

如果在基类中没有定义构造函数,或定义了没有参数的构造函数,或定义的构造函数的所有参数都有默认值,那么在定义派生类构造函数的参数初始化表时可以不写基类构造函数名,这是因为这时派生类构造函数可以不向基类构造函数传递参数。

例 5.10 定义派生类构造函数示例。

```cpp
//文件路径名:e5_10\main.cpp
#include<iostream>                                  //编译预处理命令
using namespace std;                                //使用命名空间 std

//声明基类 A
class A
{
private:
//私有成员
    int a;                                          //数据成员

public:
//公有函数
    A(int x=0): a(x){}                              //构造函数,参数含默认参数值
    void Show() const { cout<<"a:"<<a<<endl; }      //输出相关信息
};

//声明派生类 B
class B: public A
{
private:
//私有成员
    int b;                                          //数据成员

public:
//公有函数
    B(int x): b(x){}                                //构造函数,初始化表中可不写基类构造函数名
    void Show() const                               //输出相关信息
    {
        A::Show();                                  //调用类 A 的成员函数 Show()
        cout<<"b:"<<b<<endl;                        //输出 b
    }
};

int main()                                          //主函数 main()
{
    B obj(8);                                       //定义对象
```

```
    obj.Show();                                      //输出相关信息

    system("PAUSE");                                 //调用库函数 system( ),输出系统提示信息
    return 0;                                         //返回值 0,返回操作系统
}
```

程序运行时屏幕输出如下:

```
a:0
b:8
请按任意键继续...
```

系统在创建派生类对象时,首先去调用基类的构造函数初始化基类数据成员,然后是派生类对象数据的初始化。所以构造函数的执行顺序可以形象地描述为"先执行基类构造函数,后执行派生类构造函数"。

例 5.11 构造函数的执行顺序示例。

```
//文件路径名:e5_11\main.cpp
#include<iostream>                                   //编译预处理命令
using namespace std;                                 //使用命名空间 std

//声明基类 A
class A
{
public:
//公有函数
    A() { cout<<"执行类 A 的构造函数"<<endl; }       //构造函数
};

//声明派生类 B
class B: public A
{
public:
//公有函数
    B() { cout<<"执行类 B 的构造函数"<<endl; }       //构造函数
};

int main()                                           //主函数 main()
{
    B obj;                                           //定义对象

    system("PAUSE");                                 //调用库函数 system( ),输出系统提示信息
    return 0;                                         //返回值 0,返回操作系统
}
```

程序运行时屏幕输出如下:

执行类 A 的构造函数
执行类 B 的构造函数
请按任意键继续...

5.3.2　析构函数

由于派生类不能继承基类的析构函数,因此如果需要,就应在派生类中重新定义析构函数。在执行派生类的析构函数时,基类的析构函数也将被自动调用,析构函数的执行顺序与构造函数正好相反:先执行派生类自己的析构函数,然后执行基类的析构函数。

例 5.12　析构函数的执行顺序示例。

```cpp
//文件路径名:e5_12\main.cpp
#include<iostream>                               //编译预处理命令
using namespace std;                             //使用命名空间 std

//声明基类 A
class A
{
public:
//公有函数
    ~A() { cout<<"执行类 A 的析构函数"<<endl; }    //析构函数
};

//声明派生类 B
class B: public A
{
public:
//公有函数
    ~B() { cout<<"执行类 B 的析构函数"<<endl; }    //析构函数
};

int main()                                       //主函数 main()
{
    B obj;                                       //定义对象

    system("PAUSE");                             //调用库函数 system(),输出系统提示信息
    return 0;                                    //返回值 0,返回操作系统
}
```

程序运行时屏幕输出如下:

请按任意键继续...
执行类 B 的析构函数
执行类 A 的析构函数

如果既有构造函数,又有析构函数,则构造函数与析构函数的执行顺序是:

（1）基类构造函数；

（2）派生类构造函数；

（3）派生类析构函数；

（4）基类析构函数。

例 5.13 构造函数与析构函数的执行顺序示例。

```cpp
//文件路径名:e5_13\main.cpp
#include<iostream>                                    //编译预处理命令
using namespace std;                                  //使用命名空间 std

//声明基类 A
class A
{
public:
//公有函数
    A() { cout<<"执行类 A 的构造函数"<<endl; }        //构造函数
    ~A() { cout<<"执行类 A 的析构函数"<<endl; }       //析构函数
};

//声明派生类 B
class B: public A
{
public:
//公有函数
    B() { cout<<"执行类 B 的构造函数"<<endl; }        //构造函数
    ~B() { cout<<"执行类 B 的析构函数"<<endl; }       //析构函数
};

//声明派生类 C
class C: public B
{
public:
//公有函数
    C() { cout<<"执行类 C 的构造函数"<<endl; }        //构造函数
    ~C() { cout<<"执行类 C 的析构函数"<<endl; }       //析构函数
};

int main()                                            //主函数 main()
{
    C obj;                                            //定义对象

    system("PAUSE");                                  //调用库函数 system( ),输出系统提示信息
    return 0;                                         //返回值 0,返回操作系统
}
```

程序运行时屏幕输出如下：

执行类 A 的构造函数
执行类 B 的构造函数
执行类 C 的构造函数
请按任意键继续 …
执行类 C 的析构函数
执行类 B 的析构函数
执行类 A 的析构函数

5.4　多继承与虚基类

5.4.1　多继承

如果一个派生类有两个或更多个基类，那么这种行为称为多继承，多继承的派生类的声明一般格式如下：

class 派生类名：继承方式 1 基类名 1，继承方式 2 基类名 2…
{
　…　　　　　　　　　　　　　　　　//派生类新增的数据成员和成员函数
};

例如已声明了类 A 和类 B，可按如下方式声明多继承的派生类 C：

class C: public A, private B
{
　…　　　　　　　　　　　　　　　　//类 C 新增的数据成员和成员函数
}

上面声明的类 C 是多继承的派生类，以公有继承方式继承类 A，以私有继承方式继承类 B。类 C 按不同的继承方式继承类 A 和类 B 的成员。

多继承派生类的构造函数定义形式与单继承时的构造函数定义形式基本相同，只是在参数初始化表中包含多个基类构造函数。多继承派生类一般定义格式如下：

派生类名 (形参表)：基类构造函数名 1(基类构造函数参数表 1)，基类构造函数名 2(基类构造函数参数表 2)，…，数据成员 1(数据成员参数表)，数据成员 2(数据成员参数表)，…
{
　…　　　　　　　　　　　　　　　　//函数体
}

各基类可按任意顺序排列，派生类构造函数的执行顺序为：先调用基类的构造函数，再执行派生类构造函数的函数体。调用基类构造函数的顺序是按照声明派生类时基类出现的顺序进行调用。而析构函数的执行顺序与构造函数的执行顺序正好相反。

例 5.14　多继承构造函数与析构函数的执行顺序示例。

//文件路径名:e5_14\main.cpp
#include<iostream>　　　　　　　　　//编译预处理命令

```
using namespace std;                                    //使用命名空间 std

//声明基类 A
class A
{
public:
//公有函数
    A() { cout<<"执行类 A 的构造函数"<<endl; }           //构造函数
    ~A() { cout<<"执行类 A 的析构函数"<<endl; }           //析构函数
};

//声明基类 B
class B
{
public:
//公有函数
    B() { cout<<"执行类 B 的构造函数"<<endl; }           //构造函数
    ~B() { cout<<"执行类 B 的析构函数"<<endl; }           //析构函数
};

//声明派生类 C
class C: public A, private B
{
public:
//公有函数
    C() { cout<<"执行类 C 的构造函数"<<endl; }           //构造函数
    ~C() { cout<<"执行类 C 的析构函数"<<endl; }           //析构函数
};

int main()                                              //主函数 main()
{
    C obj;                                              //定义对象

    system("PAUSE");                          //调用库函数 system(),输出系统提示信息
    return 0;                                 //返回值 0,返回操作系统
}
```

程序运行时屏幕输出如下:

执行类 A 的构造函数
执行类 B 的构造函数
执行类 C 的构造函数
请按任意键继续...
执行类 C 的析构函数
执行类 B 的析构函数
执行类 A 的析构函数

5.4.2 多继承引起的多义性问题

有时候,多继承可能会带来多义性问题。比如,两个类从同一个类派生,而这两个类又继续派生出了一个新类,形成了一个菱形的继承关系,如图 5.6 所示。

B 类和 C 类都从 A 类派生出来,而 D 类通过多继承由 B 与 C 共同派生。如果类 A 有成员函数 Show(),通过 D 的对象去访问 A 类的成员函数 Show(),这时由于类 B 和类 C 都有继承来自于类 A 的 Show()的副本,编译器无法确定使用哪个副本,从而将发生编译时错误信息,下面是示例。

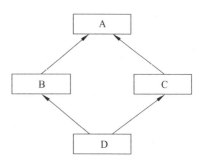

图 5.6　菱形的继承关系

例 5.15　多继承引起的多义性问题示例。

```cpp
//文件路径名:e5_15\main.cpp
#include<iostream>                          //编译预处理命令
using namespace std;                        //使用命名空间 std

//声明基类 A
class A
{
public:
//公有函数
    void Show() const { cout<<"多继承示例"<<endl; }    //输出信息
};

//声明派生类 B
class B: public A
{};

//声明派生类 C
class C: public A
{};

//声明派生类 D
class D: public B, public C
{};

int main()                                  //主函数 main()
{
    D obj;                                  //定义对象
    obj.Show();                             //输出信息

    system("PAUSE");                        //调用库函数 system(),输出系统提示信息
    return 0;                               //返回值 0,返回操作系统
```

}

编译上面程序时,编译器将输出类似如下的错误:

error: 'D::Show' is ambiguous

表示在调用函数 Show()时出现了不确定性,也就是多义性。针对上面的多义性问题,可使用作用域运算符来避免,具体地说,就是通过作用域运算符明确指定调用哪个类的成员。

作用域运算符就是“::”,具体使用的格式如下:

派生类对象名.基类名::数据成员名;   //访问数据成员
派生类对象名.基类名::成员函数名(参数表);   //访问成员函数

下面通过作用域运算符来修改例 5.15 以避免多义性的问题的示例。

例 5.16　采用作用域运算符修改例 5.15 避免多义性的示例。

```cpp
//文件路径名:e5_16\main.cpp
#include<iostream>                                          //编译预处理命令
using namespace std;                                        //使用命名空间 std

//声明基类 A
class A
{
public:
//公有函数
    void Show() const { cout<<"多继承示例"<<endl; }         //输出信息
};

//声明派生类 B
class B: public A
{};

//声明派生类 C
class C: public A
{};

//声明派生类 D
class D: public B, public C
{};

int main()                                                  //主函数 main()
{
    D obj;                                                  //定义对象
    obj.B::Show();                      //输出信息,指定调用类 B 中来自于类 A 的 Show()的副本

    system("PAUSE");                    //调用库函数 system(),输出系统提示信息
```

```
        return 0;                           //返回值 0,返回操作系统
    }
```

程序运行时屏幕输出如下：

多继承示例
请按任意键继续…

5.4.3 虚基类

虚基类是解决多义性问题的一种简便而有效的方法。使用虚基类的方法,使得在继承间接共同基类时只保留一份成员副本。对于图 5.5 来讲,假设类 D 是类 B 和类 C 公有派生类,而类 B 和类 C 又是类 A 的派生类,设类 A 有公有成员函数 Show(),如果将 A 定义为 B 和 C 的虚基类,则类 A 的成员函数 Show()在类 B 与类 C 中只保留一个副本,这样将不会出现多义性问题。

虚基类由关键字 virtual 标识,一般语法格式如下:

class 派生类名: virtual 继承方式 基类名

注意:虚基类不是在声明基类时声明,而是在声明派生类时,在继承方式前加关键字 virtual 加以声明。

下面通过虚基类修改例 5.15 以避免多义性的问题的示例。

例 5.17 采用虚基类修改例 5.15 避免多义性的示例。

```
//文件路径名:e5_17\main.cpp
#include<iostream>                          //编译预处理命令
using namespace std;                        //使用命名空间 std

//声明基类 A
class A
{
public:
//公有函数
    void Show() const { cout<<"多继承示例"<<endl; }   //输出信息
};

//声明派生类 B
class B: virtual public A
{};

//声明派生类 C
class C: virtual public A
{};

//声明派生类 D
class D: public B, public C
{};
```

```
int main()                                          //主函数 main()
{
    D obj;                                          //定义对象
    obj.Show();                                     //输出信息

    system("PAUSE");                                //调用库函数 system(),输出系统提示信息
    return 0;                                       //返回值 0,返回操作系统
}
```

程序运行时屏幕输出如下：

多继承示例
请按任意键继续...

如果在虚基类中定义有带参数的构造函数,并且参数没有默认值,而且没有定义无参构造函数,则在虚基类的直接派生类或间接派生类的构造函数的初始化表都要对虚基类进行初始化,也就是在派生类的初始化表中应加上：

虚基类构造函数名(参数表)

下面是一个关于虚基类的应用实例。

　*例 5.18　定义 Person(人)类,由 Person 分别派生出类 Teacher(教师)和类 Student(学生),再由类 Teacher(教师)和类 Student(学生)采用多继承方式派生出新类 Graduate(研究生),各类之间的继承关系如图 5.7 所示。

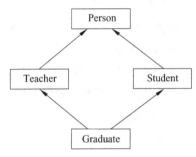

图 5.7　各类之间的继承关系

　　要求:

(1) 在类 Person 中包含的数据成员有姓名(name)、年龄(age)、性别(sex)。在类 Teacher 还包含数据成员职称(title)和工资(wage),在类 Student 类中还包含数据成员学号(num)和学分(creditHour),在类 Graduate(研究生)中没有包含新的数据成员。

(2) 在类体中定义成员函数。

(3) 每个类都有构造函数与显示信息函数 Show()。

为避免多义性,凡是几个类之间的继承关系如图 5.5 所示的菱形相似的关系,最好将位于菱形最上面的类声明为虚基类,在本例中将类 Person 声明为类 Teacher 和类 Student 的虚基类,具体程序实现如下：

```
//文件路径名:e5_18\main.cpp
#include<iostream>                                  //编译预处理命令
using namespace std;                                //使用命名空间 std

//声明类 Person(人)
class Person
{
protected:
```

```
//数据成员:
    char name[18];                                          //姓名
    int age;                                                //年龄
    char sex[3];                                            //性别

public:
//公有函数:
    Person(char nm[], int ag, char sx[]): age(ag)           //构造函数
    { strcpy(name, nm); strcpy(sex, sx); }                  //复制姓名和性别
    void Show() const                                       //显示相关信息
    {
        cout<<"姓名:"<<name<<endl;                          //显示姓名
        cout<<"年龄:"<<age<<endl;                           //显示年龄
        cout<<"性别:"<<sex<<endl;                           //显示性别
    }
};


//声明类 Teacher(教师)
class Teacher: virtual public Person
{
protected:
//数据成员:
    char title[18];                                         //职称
    float wage;                                             //工资
public:
//公有函数:
    Teacher(char nm[],int ag,char sx[],char tl[],float wg):Person(nm,ag,sx),wage(wg)
                                                            //构造函数
    { strcpy(title, tl); }                                  //复制职称
    void Show() const                                       //显示相关信息
    {
        Person::Show();                            //调用基类 Person 的成员函数 Show()
        cout<<"职称:"<<title<<endl;                         //显示职称
        cout<<"工资:"<<wage<<"元"<<endl<<endl;              //显示工资
    }
};


//声明类 Student(学生)
class Student: virtual public Person
{
protected:
//数据成员:
    long num;                                               //学号
    long creditHour;                                        //学分
public:
```

//公有函数：

```cpp
    Student(char nm[], int ag, char sx[], long n, long c)      //构造函数
            : Person(nm, ag, sx), num(n), creditHour(c){}
    void Show() const                                  //显示相关信息
    {
        Person::Show();                                //调用基类 Person 的成员函数 Show()
        cout<<"学号:"<<num<<endl;                      //显示学号
        cout<<"学分:"<<creditHour<<endl<<endl;         //显示学分
    }
};
```

```cpp
//声明类 Graduate(研究生)
class Graduate: public Teacher, public Student
{
public:
//公有函数：
    Graduate(char nm[], int ag, char sx[], char tl[], float wg, long n, long c)
        :Person(nm, ag, sx), Teacher(nm, ag, sx, tl, wg), Student(nm, ag, sx, n, c) {}
                                                      //构造函数
    void Show() const                                 //显示相关信息
    {
        Person::Show();                               //调用基类 Person 的成员函数 Show()
        cout<<"职称:"<<title<<endl;                   //显示职称
        cout<<"工资:"<<wage<<"元"<<endl;              //显示工资
        cout<<"学号:"<<num<<endl;                     //显示学号
        cout<<"学分:"<<creditHour<<endl<<endl;        //显示学分
    }
};
```

```cpp
int main(void)                                        //主函数 main(void)
{
    Teacher t("文冠杰", 48, "男", "教授", 3890);       //定义对象 t
    Student s("周杰", 26, "男", 2009101, 32);          //定义对象 s
    Graduate g("李靖", 28, "女", "助教", 500, 2009102, 36);   //定义对象 g

    t.Show();                                         //显示相关信息
    s.Show();                                         //显示相关信息
    g.Show();                                         //显示相关信息

    system("PAUSE");
                                                      //调用库函数 system(),输出系统提示并返回操作系统
    return 0;                                         //返回值 0,返回操作系统
}
```

程序运行时屏幕输出如下：

姓名：文冠杰

年龄：48

性别：男

职称：教授

工资：3890元

姓名：周杰

年龄：26

性别：男

学号：2009101

学分：32

姓名：李靖

年龄：28

性别：女

职称：助教

工资：500元

学号：2009102

学分：36

请按任意键继续...

5.5 程序陷阱

1. 基类与派生类的赋值相容关系

基类与派生类对象之间有赋值相容关系，因为派生类中包含从基类继承的成员，所以可将派生类的对象值赋给基类对象，具体表现在以下几个方面：

（1）派生类对象可以赋值给基类对象。

（2）基类的指针变量可指向派生类对象。

（3）可以用派生类对象初始化基类对象的引用。

（4）当函数参数是基类对象或基类对象的引用时，实参可以用派生类对象。

下面是示例：

```cpp
//文件路径名:trap5_1\main.cpp
#include<iostream>                              //编译预处理命令
using namespace std;                            //使用命名空间 std

//声明基类 A
class A
{
public:
//公有函数:
    void Show() const { cout<<"基类 A"<<endl; }  //显示相关信息
};
```

```
//声明派生类 B
class B: public A
{
public:
//公有函数:
    void Show() const { cout<<"基类 B"<<endl; }                     //显示相关信息
};

void Fun1(A obj) { obj.Show(); }                    //函数参数为基类对象
void Fun2(const A &obj) { obj.Show(); }             //函数参数为基类对象的引用

int main()                              //主函数 main()
{
    A a;                                //基类对象
    B b;                                //派生类对象
    a=b;                                //派生类对象赋值给基类对象
    a.Show();                           //显示相关信息
    A * p=&b;                           //基类对象的指针变量可指向派生类对象
    p->Show();                          //显示相关信息
    A &r=b;                             //用派生类对象初始化基类对象的引用
    r.Show();                           //显示相关信息
    Fun1(b);                            //函数参数是基类对象,实参为派生类对象
    Fun2(b);                            //函数参数是基类对象的引用,实参为派生类对象

    system("PAUSE");                    //调用库函数 system( ),输出系统提示并返回操作系统
    return 0;                           //返回值 0,返回操作系统
}
```

2. 继承与组合

在一个类中以另一个类的对象作为数据成员的,称为类的组合。在逻辑上类 B 是类 A 的"一种"的时候,一般都处理为"类 B 继承类 A"。如果在逻辑上类 B 是类 A 的"组成部分",一般将类 B 的对象作为类 A 的数据成员,也就是类的组合。例如 Circle(园)是一种 Shape(形状),因此用类 Shape(形状)作为基类派生出类 Circle(园),又例如生日是 Student (学生)的组成部分,如果有类 BirthDate(生日),包含 year、month 和 day 等数据成员,则将类 BirthDate 的对象作为类 Student(学生)的数据成员。

5.6 习 题

一、选择题

1. 有以下程序:

```
//文件路径名:ex5_1_1\main.cpp
#include<iostream>                              //编译预处理命令
using namespace std;                            //使用命名空间 std
```

```
class A
{
public:
    A() { cout<<"A"; }                          //构造函数
};

class B: public A
{
public:
    B() { cout<<"B"; }                          //构造函数
};

int main()                                      //主函数 main()
{
    B obj;                                      //定义对象
    cout<<endl;                                 //换行
    return 0;                                   //返回值 0, 返回操作系统
}
```

执行后的输出结果是_____。

A) AB   B) BA   C) A   D) B

2. 有以下程序:

```
//文件路径名:ex5_1_2\main.cpp
#include<iostream>                              //编译预处理命令
using namespace std;                            //使用命名空间 std

class A
{
public:
    ~A() { cout<<"A"; }                         //析构函数
};

class B: public A
{
public:
    ~B() { cout<<"B"; }                         //析构函数
};

int main()                                      //主函数 main()
{
    B * p=new B;                                //定义指针
    delete p;                                   //释放动态空间
    cout<<endl;                                 //换行
    return 0;                                   //返回值 0, 返回操作系统
```

```
    }
```

执行后的输出结果是_____。

A) AB B) BA C) A D) B

3. 有以下程序：

```
//文件路径名:ex5_1_3\main.cpp
#include<iostream>                    //编译预处理命令
using namespace std;                  //使用命名空间 std

class A
{
public:
    A() { cout<<"A"; }               //构造函数
    ~A() { cout<<"~A"; }             //析构函数
};

class B: public A
{
public:
    B() { cout<<"B"; }               //构造函数
    ~B() { cout<<"~B"; }             //析构函数
};

int main()                            //主函数 main()
{
    B * p=new B;                      //定义指针
    delete p;                         //释放动态空间
    cout<<endl;                       //换行
    return 0;                         //返回值 0,返回操作系统
}
```

程序的输出结果是_____。

A) BA~A~B B) AB~B~A C) BA~B~A D) AB~B~A

4. 下列有关继承和派生的叙述中,正确的是_____。

A) 如果一个派生类私有继承其基类,则该派生类不能访问基类的保护成员

B) 派生类的成员函数可以访问基类的所有成员

C) 基类对象可以赋值给派生类对象

D) 派生类对象可以赋值给基类对象

5. 有以下程序：

```
//文件路径名:ex5_1_5\main.cpp
#include<iostream>                    //编译预处理命令
using namespace std;                  //使用命名空间 std

class A
```

```
{
public:
    A() { cout<< "A"; }                    //无参构造函数
    A(char c) { cout<<c; }                 //带参构造函数
};

class B: public A
{
public:
    B(char c) { cout<<c; }                 //带参构造函数
};

int main()                                 //主函数 main()
{
    B obj('B');                            //定义对象
    cout<<endl;                            //换行
    return 0;                              //返回值 0, 返回操作系统
}
```

执行这个程序,屏幕上将显示输出_____。

A) B   B) BA   C) AB   D) BB

6. 下列关于派生类构造函数和析构函数的说法中,错误的是_____。

A) 派生类的构造函数会隐含调用基类的构造函数

B) 如果基类中有默认构造函数(无参构造函数),那么派生类可以不定义构造函数

C) 在建立派生类对象时,先调用基类的构造函数,再调用派生类的构造函数

D) 在销毁派生类对象时,先调用基类的析构函数,再调用派生类的析构函数

7. 如果派生类以 protected 方式继承基类,则原基类的 protected 成员和 public 成员在派生类的访问权限分别是_____。

  A) public 和 public   B) public 和 protected

  C) protected 和 public   D) protected 和 protected

8. 派生类的成员函数不能访问基类的_____。

  A) 公有成员和保护成员   B) 公有成员

  C) 私有成员   D) 保护成员

9. 有以下程序:

```
//文件路径名:ex5_1_9\main.cpp
#include<iostream>                         //编译预处理命令
using namespace std;                       //使用命名空间 std

class A
{
public:
    A(int x=0) { cout<<x; }                //构造函数
};
```

```
class B: public A
{
public:
    B(int x=0) { cout<<x; }                    //构造函数
};

int main()                                      //主函数 main()
{
    B obj(1);                                   //定义对象
    cout<<endl;                                 //换行
    return 0;                                   //返回值 0, 返回操作系统
}
```

程序的输出结果是_____。

A) 0   B) 1   C) 01   D) 001

二、填空题

1. 派生类中的成员不能直接访问基类中的_____成员。

2. 将下列类的定义补充完整。

```
//文件路径名:ex5_2_2\main.cpp
#include<iostream>                              //编译预处理命令
using namespace std;                            //使用命名空间 std

class A
{
public:
    void Show(int x=0) const { cout<<x; }       //输出信息
};

class B: public A
{
public:
    void Show(int x=0) const                    //输出信息
    {
        _____                                //显式调用基类的函数 Show()
        cout<<x<<endl;                          //输出 y
    }
};

int main()                                      //主函数 main()
{
    B obj;                                      //定义对象
    obj.Show(1);                                //输出信息

    system("PAUSE");                            //调用库函数 system(),输出系统提示并返回操作系统
```

```
    return 0;                                        //返回值 0,返回操作系统
}
```

3. 在声明派生类时,如果不显式给出继承方式,默认的类继承方式是私有继承 private.
已知有以下类定义:

```
class A
{
protected:
    void Fun() {}
};

class B: A {};
```

则类 A 中的成员函数 Fun()在类 B 中的访问权限是＿＿＿＿＿＿＿（注意:要求填写 private,
protected 或 public 中的一项）。

4. 对基类数据成员的初始化必须在派生类构造函数中的＿＿＿＿＿＿＿处进行。

5. 有以下程序:

```
//文件路径名:ex5_2_5\main.cpp
#include<iostream>                                   //编译预处理命令
using namespace std;                                 //使用命名空间 std

class A
{
public:
    A() { cout<<"A"; }                               //构造函数
    ~A() { cout<<"A"; }                              //析构函数
};

class B
{
private:
    A a;                                             //数据成员

public:
    B() { cout<<"B"; }                               //构造函数
    ~B() { cout<<"B"; }                              //析构函数
};

int main()                                           //主函数 main()
{
    B * p=new B;                                     //定义指针
    delete p;                                        //释放动态空间
    cout<<endl;                                      //换行
```

```
        system("PAUSE");        //调用库函数 system( ),输出系统提示并返回操作系统
        return 0;               //返回值 0,返回操作系统
}
```

程序的输出结果是_____。

三、编程题

1. 编程实现:有一个汽车类 Vehicle,它具有一个需传递参数的构造函数,还拥有保护数据成员车轮个数 wheel 和车重 weight。小汽车类 Car 是 Vehicle 的私有派生类,其中包含载人数 passengerLoad。卡车类 Truck 是 Vehicle 的私有派生类,其中包含载人数 passengerLoad 和载重量 payload。每个类都有相关数据的输出函数 Show()。

*2. 一个出版公司,同时销售书籍和磁带。创建一个 Publication 类存储出版物的标题 title(字符串类型)和价格 price(float 类型)。从这个类派生出两个类:一个是 Book 类,含有表示页数 page(int 类型)的数据成员;另一个是 Tape 类,含有一个数据成员表示以分钟为单位的播放时间 playTime(float 类型)。这 3 个类都有一个可以通过键盘获得数据的函数 GetData( )和一个显示数据的函数 Show()。编写一个 main( )程序,通过创建 Book 类和 Tape 类的对象来测试这些类,然后调用 GetData( )向其中加入数据,并调用 Show()显示这些数据。

**3. 定义 Employee(员工)类,由 Employee 分别派生出 Saleman(销售员)类和 Manager(经理)类,再由 Saleman(销售员)类和 Manager(经理)类采用多重继承方式派生出新类 SaleManager(销售经理)类,各类之间的继承关系如图 5.8 所示。

图 5.8　各类之间的继承关系

要求:

(1) 在 Employee 类中包含的数据成员有编号(num)、姓名(name)、基本工资(basicSalary)和奖金(prize)。在 Saleman 类中还包含数据成员销售员提成比例(deductRate)和个人销售额(personAmount),在 Manager 类中还包含数据成员经理提成比例(totalDeductRate)和总销售额(totalAmount)。在 SaleManager 类中不包含其他数据成员。

(2) 各类人员的实发工资公式如下:

　　　员工实发工资＝基本工资＋奖金

　　　销售员实发工资＝基本工资＋奖金＋个人销售额×销售员提成比例

　　　经理实发工资＝基本工资＋奖金＋总销售额×经理提成比例

　　　销售经理实发工资＝基本工资＋奖金＋个人销售额×销售员提成比例

　　　　　　　　　　　＋总销售额×经理提成比例

(3) 每个类都有构造函数、输出基本信息(Show)函数和输出实发工资(ShowSalary)函数。

第6章 多 态 性

6.1 多态性的概念

在 C++ 程序设计中,多态性是指具有不同函数体的函数可用同一个函数名,这样就可用一个函数名调用不同实现内容的函数。其实,以前学过的函数重载就是多态现象。

函数重载是编译器根据函数调用时的实参确定函数调用与函数体的匹配关系,一般称为编译时多态性或静态多态性,下面是静态多态性的示例。

例 6.1 静态多态性示例。

```cpp
//文件路径名:e6_1\main.cpp
#include<iostream>                        //编译预处理命令
using namespace std;                      //使用命名空间 std

int Max(int a, int b)                     //函数 Max()重载版本 1
{ return a>b?a : b; }

int Max(int a, int b, int c)              //函数 Max()重载版本 2
{
    int m=a>b?a : b;                      //m 为 a、b 的最大值
    m=m>c?m : c;                          //m、c 的最大值为 a、b、c 的最大值
    return m;                             //返回 m
}

double Max(double a, double b)            //函数 Max()重载版本 3
{ return a>b?a : b; }

double Max(double a, double b, double c)  //函数 Max()重载版本 4
{
    double m=a>b?a : b;                   //m 为 a、b 的最大值
    m=m>c?m : c;                          //m、c 的最大值为 a、b、c 的最大值
    return m;                             //返回 m
}

int main(void)                           //主函数 main(void)
{
    int a=5, b=8, c=16;                  //定义整型变量
    double x=8.9, y=6.8, z=16.9;         //定义双精度实型变量

    cout<<a<<","<<b<<"的最大值:"<<Max(a, b)<<endl;       //调用 Max()实现版本 1
    cout<<a<<","<<b<<","<<c<<"的最大值:"<<Max(a, b, c)<<endl;  //调用 Max()实现版本 2
```

```
    cout<<x<<","<<y<<"的最大值:"<<Max(x, y)<<endl;          //调用 Max()实现版本 3
    cout<<x<<","<<y<<","<<z<<"的最大值:"<<Max(x, y, z)<<endl;    //调用 Max()实现版本 4

    system("PAUSE");                        //调用库函数 system(),输出系统提示并返回操作系统
    return 0;                               //返回值 0,返回操作系统
}
```

程序运行时屏幕输出如下:

5,8 的最大值: 8
5,8,16 的最大值: 16
8.9,6.8 的最大值: 8.9
8.9,6.8,16.9 的最大值: 16.9
请按任意键继续...

本例中定义了函数 Max()的 4 个实现版本,编译时根据参数的类型与个数来匹配函数调用的具体实现版本。

6.2 虚 函 数

6.2.1 虚函数的概念

在同一类中不能定义原型相同的函数,也就是不能定义两个函数名相同、参数个数和类型以及返回值类型都相同的函数的,否则在编译时将会出现函数重定义错误。但是在类继承时,可以在派生类中重定义基类函数原型相同的函数,也就是在基类与派生类中可以同时定义函数名相同、参数个数和类型以及返回值类型都相同的函数。下面通过示例加以说明。

例 6.2 在派生类中重定义基类函数原型相同的函数示例。

```
//文件路径名:e6_2\main.cpp
#include<iostream>                          //编译预处理命令
using namespace std;                        //使用命名空间 std

//声明基类 A
class A
{
private:
//私有成员
    int a;                                  //数据成员

public:
//公有函数
    A(int x) : a(x) {}                       //构造函数
    void Show() const { cout<<"A::a="<<a<<endl; }    //输出 a
};
```

```
//声明派生类 B
class B: public A
{
private:
//私有成员
    int b;                                      //数据成员

public:
//公有函数
    B(int x, int y): A(x), b(y){}               //构造函数
    void Show() const { cout<<"B::b="<<b<<endl; }   //输出 b
};

//声明派生类 C
class C: public A
{
private:
//私有成员
    int c;                                      //数据成员

public:
//公有函数
    C(int x, int y): A(x), c(y){}               //构造函数
    void Show() const { cout<<"C::c="<<c<<endl; }   //输出 c
};

int main()                                      //主函数 main()
{
    A * p;                                      //定义基类指针变量 p
    A a(1);                                     //定义基类 A 的对象 a
    B b(1, 6);                                  //定义派生类 B 的对象 b
    C c(1, 8);                                  //定义派生类 C 的对象 c
    p=&a;                                       //p 指向基类 A 的对象 a
    p->Show();                                  //输出信息
    p=&b;                                       //p 指向派生类 B 的对象 b
    p->Show();                                  //输出信息
    p=&c;                                       //p 指向派生类 C 的对象 c
    p->Show();                                  //输出信息

    system("PAUSE");                            //调用库函数 system(),输出系统提示信息
    return 0;                                   //返回值 0, 返回操作系统
}
```

程序运行时屏幕输出如下:

A::a=1

```
A::a=1
A::a=1
```
请按任意键继续…

本例程序中,基类 A 的指针变量 p 分别指向基类 A 的对象 a、派生类 B 的对象 b 和派生类 C 的对象 c,p—>Show()都调用的是基类 A 的实现版本,人们自然会提出这样的问题,能否用同一个调用形式(比如 p—>Show()),既可以调用派生类的函数实现版本,也可以调用基类的实现版本呢,C++通过虚函数来解决这个问题。可以将基类与派生类中的原型相同的函数声明为虚函数,虚函数可以通过基类指针来访问基类和派生类中的原型相同的函数。

虚函数在类体内声明,声明的一般格式如下:

virtual 返回值类型 成员函数名(形参表);

与一般成员函数相比,虚函数的声明增加了关键字 virtual,成员函数的实现部分可以在类体内,也可以在类体外,在类体外定义时不加关键字 virtual。

虚函数在基类声明时一定要加关键字 virtual,在派生类中声明虚函数时可以省略关键字 virtual。

下面通过虚函数改写例 6.2。

例 6.3 通过虚函数改写例 6.2,实现基类指针访问基类和派生类中的同名函数。

```cpp
//文件路径名:e6_3\main.cpp
#include<iostream>                              //编译预处理命令
using namespace std;                            //使用命名空间 std

//声明基类 A
class A
{
private:
//私有成员
    int a;                                      //数据成员

public:
//公有函数
    A(int x): a(x){}                            //构造函数
    virtual void Show() const { cout<< "A::a="<<a<<endl; }   //输出 a,声明虚函数
};

//声明派生类 B
class B: public A
{
private:
//私有成员
    int b;                                      //数据成员
```

· 154 ·

```
public:
//公有函数
    B(int x, int y) : A(x), b(y){}                                    //构造函数
    void Show() const { cout<< "B::b="<<b<<endl; }                    //输出 b
};

//声明派生类 C
class C: public A
{
private:
//私有成员
    int c;                                                           //数据成员

public:
//公有函数
    C(int x, int y) : A(x), c(y){}                                   //构造函数
    void Show() const { cout<< "C::c="<<c<<endl; }                   //输出 c
};

int main()                                      //主函数 main()
{
    A * p;                                      //定义基类指针变量 p
    A a(1);                                     //定义基类 A 的对象 a
    B b(1, 6);                                  //定义派生类 B 的对象 b
    C c(1, 8);                                  //定义派生类 C 的对象 c
    p=&a;                                       //p 指向基类 A 的对象 a
    p->Show();                                  //输出信息
    p=&b;                                       //p 指向派生类 B 的对象 b
    p->Show();                                  //输出信息
    p=&c;                                       //p 指向派生类 C 的对象 c
    p->Show();                                  //输出信息

    system("PAUSE");                            //调用库函数 system( ),输出系统提示信息
    return 0;                                   //返回值 0, 返回操作系统
}
```

程序运行时屏幕输出如下：

```
A::a=1
B::b=6
C::c=8
请按任意键继续...
```

本例中通过基类 A 的指针变量 p，用同一种调用形式 p－＞Show( )，当 p 指向基类 A 的对象时，调用基类 A 的实现版本；当 p 指向派生类的对象时，调用派生类的实现版本。这也是多态性的体现。

基类指针指向派生类对象,会进行指针类型转换,将派生类对象的指针转换为基类的指针,所以基类指针只是指向派生类对象中的基类部分。在例 6.2 中,通过基类指针只能调用基类的成员函数,在例 6.3 中通过虚函数突破了这一限制,在派生类的基类部分中,派生类的虚函数取代了基类原来的虚函数,这样就实现了当基类指针指向派生类对象后,调用虚函数时实际上调用了派生类的虚函数。

由于采用虚函数通过基类指针指向不同类对象实现多态性时,与指针指向的具体对象有关,因此 C++ 规定虚函数不能声明为静态成员函数(因为静态成员函数与具体对象无关),由于指针指向一个具体对象后,不能通过指针直接或间接调用构造函数,所以 C++ 还规定构造函数不能声明为虚函数。

当将基类的某个成员函数声明为虚函数后,可以通过基类指针指向同一派生关系中的不同类的对象,从而调用其中的不同类的函数。

通过函数形参是基类对象的引用而实参是不同类对象,采用虚函数方式是实现多态性的另一个常用使用方式。下面通过示例加以说明。

例 6.4 通过函数形参是基类对象的引用而实参是不同类对象,采用虚函数实现多态性的示例。

```cpp
//文件路径名:e6_4\main.cpp
#include<iostream>                          //编译预处理命令
using namespace std;                        //使用命名空间 std

//声明基类 A
class A
{
private:
//私有成员
    int a;                                  //数据成员

public:
//公有函数
    A(int x): a(x){}                        //构造函数
//  virtual A(int x): a(x){}                //错,构造函数不能声明为虚函数
//  virtual static void Show() const        //错,静态成员函数不能声明为虚函数
//  { cout<<"静态虚函数<<endl; }
    virtual void Show() const { cout<<"A::a="<<a<<endl; }    //输出 a,声明虚函数
};

//声明派生类 B
class B: public A
{
private:
//私有成员
    int b;                                                  //数据成员
```

```
public:
//公有函数
    B(int x, int y): A(x), b(y){}                          //构造函数
    void Show() const { cout<<"B::b="<<b<<endl; }          //输出 b
};

//声明派生类 C
class C: public A
{
private:
//私有成员
    int c;                                                //数据成员

public:
//公有函数
    C(int x, int y): A(x), c(y){}                          //构造函数
    void Show() const { cout<<"C::c="<<c<<endl; }          //输出 c
};

void ShowData(const A &a)                                  //输出信息
{ a.Show(); }

int main()                                                //主函数 main()
{
    A a(1);                                               //定义基类 A 的对象 a
    B b(1, 6);                                            //定义派生类 B 的对象 b
    C c(1, 8);                                            //定义派生类 C 的对象 c
    ShowData (a);                                         //输出信息
    ShowData (b);                                         //输出信息
    ShowData (c);                                         //输出信息

    system("PAUSE");                                     //调用库函数 system(),输出系统提示信息
    return 0;                                             //返回值 0,返回操作系统
}
```

程序运行时屏幕输出如下：

```
A::a=1
B::b=6
C::c=8
请按任意键继续 ...
```

在本例程序中，"void ShowData (const A &a)"函数体语句为"a.Show();"，由于 a 为基类 A 的引用，在实参是派生类对象时，将进行类型转换，如果没有采用虚函数，只能引用派生类的基类部分，这样通过基类引用只能调用基类的成员函数；如果采用了虚函数，当实参是派生类对象时，与基类指针相同，在派生类的基类部分中，通过派生类的虚函数取代了

基类原来的虚函数,这样调用虚函数就变成了调用派生类的虚函数。

在编译器编译"void ShowData(const A &a)"函数体语句"a.Show();"时,当 a 的成员函数 Show() 为虚函数时,由于还不知实参的类型,因此无法确定现实版本,只好等到运行时,根据实参的具体类型确定成员函数 Show() 具体现实版本,因此采用虚函数实现的多态性一般称为运行时多态性或动态多态性。

6.2.2　虚析构函数

析构函数用于在对象撤销之前做必要的清理工作。派生类对象在撤销时,一般先调用派生类的析构函数,然后再调用基类的析构函数。如果定义了一个指向该基类的指针变量指向 new 运算符建立的派生类临时对象。在程序中用 delete 运算符撤销对象时,如果析构函数不是虚函数,由于是基类指针,只是指向派生类对象中的基类部分,从而系统会只执行基类的析构函数,而不执行派生类的析构函数。

例 6.5　析构函数不采用虚函数方式出现析构不彻底示例。

```cpp
//文件路径名:e6_5\main.cpp
#include<iostream>                                      //编译预处理命令
using namespace std;                                    //使用命名空间 std

//声明基类 A
class A
{
public:
//公有函数
    ~A() { cout<<"执行基类 A 的析构函数"<<endl; }          //析构函数
};

//声明派生类 B
class B: public A
{
public:
//公有函数
    ~B() { cout<<"执行派生类 B 的析构函数"<<endl; }         //析构函数
};

int main()                                              //主函数 main()
{
    A * p=new B;                                         //基类指针 p 指向派生类对象
    delete p;                                            //释放 p 所指向的对象

    system("PAUSE");                                     //调用库函数 system(),输出系统提示信息
    return 0;                                            //返回值 0, 返回操作系统
}
```

程序运行时屏幕输出如下:

执行基类 A 的析构函数

请按任意键继续...

上面程序中释放 p 所指向的派生类对象时,只执行了基类的析构函数,为能执行到派生类的析构函数,可以将基类的析构函数声明为虚函数,这样调用析构函数时会自动先调用派生类的析构函数,下面是示例。

例 6.6 虚析构函数示例。

```cpp
//文件路径名:e6_6\main.cpp
#include<iostream>                                    //编译预处理命令
using namespace std;                                 //使用命名空间 std

//声明基类 A
class A
{
public:
//公有函数
    virtual~A() { cout<<"执行基类 A 的析构函数"<<endl; }        //虚析构函数
};

//声明派生类 B
class B: public A
{
public:
//公有函数
    ~B() { cout<<"执行派生类 B 的析构函数"<<endl; }              //析构函数
};

int main()                                           //主函数 main()
{
    A * p=new B;                                      //基类指针 p 指向派生类对象
    delete p;                                         //释放 p 所指向的对象

    system("PAUSE");                                  //调用库函数 system( ),输出系统提示信息
    return 0;                                         //返回值 0,返回操作系统
}
```

程序运行时屏幕输出如下:

执行派生类 B 的析构函数

执行基类 A 的析构函数

请按任意键继续...

如果将基类的析构函数声明为虚函数,由基类所派生的派生类的析构函数也都自动成为虚函数(即使派生类的析构函数与基类的析构函数名不相同),在 C++ 程序设计时最好把基类的析构函数都声明为虚函数。这样当在程序中用 delete 运算符释放一个对象时,系统

会调用相应类的析构函数。

6.3 纯虚函数和抽象类

有时候在基类中将某一成员函数声明为虚函数,是考虑到派生类的需要,只在基类中预留了一个函数名,让具体功能在派生类中根据需要去实现。这时就适合将基类的成员函数声明为纯虚函数。声明纯虚函数的一般形式如下:

virtual 返回值类型 函数名(形参表)=0;

纯虚函数没有函数体,所以纯虚函数不能被调用,纯虚函数只是通知编译系统声明一个虚函数,留在派生类中定义。因为纯虚函数是不能被调用的,因此包含纯虚函数的类是无法建立对象的,而只作为一种用作继承的基类,称含有纯虚函数的类为抽象类或抽象基类。

在抽象类所派生出的新类中需要对基类的所有纯虚函数进行定义,这时这些函数就被赋予了功能,就可以被调用了,这样派生类就可以用来定义具体的对象。

虽然抽象类不能定义具体对象,但可以定义抽象类的指针变量,用指针变量指向派生类对象,然后通过该指针调用虚函数,实现多态性的操作。也可以通过函数形参是抽象基类的引用,而实参是派生类对象实现多态性。

例 6.7 纯虚函数与抽象类使用示例。

```cpp
//文件路径名:e6_7\main.cpp
#include<iostream>                              //编译预处理命令
using namespace std;                            //使用命名空间 std

//声明抽象基类 A
class A
{
public:
//公有函数
    virtual~A() {}                              //虚析构函数
    virtual void Show() const=0;                //声明纯虚函数
};

//声明派生类 B
class B: public A
{
private:
//私有成员
    int b;                                      //数据成员

public:
//公有函数
    B(int x): b(x){}                            //构造函数
    void Show() const { cout<<"B::b="<<b<<endl; }   //输出 b
```

```
};

//声明派生类 C
class C: public A
{
private:
//私有成员
    int c;                                              //数据成员

public:
//公有函数
    C(int x): c(x){}                                    //构造函数
    void Show() const { cout<<"C::c="<<c<<endl; }       //输出 c
};

void ShowData(const A &a)                               //输出信息
{ a.Show(); }

int main()                                              //主函数 main()
{
//  A a;                                                //错,抽象类不能用来定义具体对象
    A * p;                                              //定义抽象类指针
    B b(6);                                             //定义派生类 B 的对象 b
    C c(8);                                             //定义派生类 C 的对象 c
    ShowData(b);                                        //输出信息
    ShowData(c);                                        //输出信息
    p=&b;                                               //p 指向派生类 B
    p->Show();                                          //输出信息
    p=&c;                                               //p 指向派生类 C
    p->Show();                                          //输出信息

    system("PAUSE");                                    //调用库函数 system(),输出系统提示信息
    return 0;                                           //返回值 0,返回操作系统
}
```

程序运行时屏幕输出如下:

```
B::b=6
C::c=8
B::b=6
C::c=8
请按任意键继续...
```

为了读者更好地应用抽象类,下面举一个抽象类的应用示例。

例 6.8 编写程序,定义抽象基类 Shape(形状),由它派生出 2 个派生类:Circle(圆形)和 Rectangle(矩形),用函数 GetArea()返回各种图形的面积,用函数 GetShapeName()返回

图形名。

在类 Shape(形状)中将函数 GetArea()与 GetShapeName()设置为纯虚函数。它们的具体定义放在派生类中实现。

```cpp
//文件路径名:e6_8\main.cpp
#include<iostream>                               //编译预处理命令
using namespace std;                             //使用命名空间 std

const double PI=3.1415926;                       //常量 PI

//声明形状抽象类
class Shape
{
public:
//公有成员:
    virtual ~Shape() {}                          //虚析构函数
    virtual double GetArea() const=0;            //纯虚函数,返回面积
    virtual char * GetShapeName() const=0;       //纯虚函数,返回图形名称
};

//声明圆形类
class Circle: public Shape
{
private:
//数据成员:
    double radius;                               //半径

public:
//公有函数:
    Circle(double r): radius(r) {}                           //构造函数
    double GetArea() const { return PI * radius * radius; }  //返回圆面积
    virtual char * GetShapeName() const { return "圆"; }     //返回图形名称
};

//声明矩形类
class Rectangle: public Shape
{
private:
//数据成员:
    double height;                               //高
    double width;                                //宽

public:
//公有函数:
    Rectangle(double h, double w): height(h), width(w) {}    //构造函数
```

```
    double GetArea() const { return height * width; }              //返回矩形面积
    virtual char * GetShapeName() const { return "矩形"; }          //返回图形名称
};

int main(void)                                                     //主函数 main(void)
{
    Shape * p;                                                     //抽象基类 Shape 指针
    p=new Circle(1);                                               //p 指向圆对象
    cout<<p->GetShapeName()<<"的面积为"<<p->GetArea()<<endl;       //输出相关信息
    delete p;                                                      //释放临时对象
    p=new Rectangle(1, 2);                                         //p 指向矩形对象
    cout<<p->GetShapeName()<<"的面积为"<<p->GetArea()<<endl;       //输出相关信息
    delete p;                                                      //释放临时对象

    system("PAUSE");                     //调用库函数 system(),输出系统提示并返回操作系统
    return 0;                            //返回值 0,返回操作系统
}
```

程序运行时屏幕输出如下：

圆的面积为 3.14159
矩形的面积为 2
请按任意键继续...

本例中抽象基类 Shape 派生出 2 个派生类 Circle 和 Rectangle,在每一个派生类中都包含虚函数 GetArea() 和 GetShapeName(),其作用分别是返回图形面积和图形名称,使用基类指针来控制有关派生类对象,让程序通过指针调用函数 GetArea() 和 GetShapeName() 得到具体对象的面积和名称,这样编程更方便。

**6.4 实例研究：栈的实现

栈是一种只允许在一端进行插入和删除的线性表(此处线性表可理解成长度有限的序列),它是一种操作受限的线性表。在这种线性表结构中,只允许进行插入和删除的一端称为栈顶(Top),另一端称为栈底(Bottom)。

设有栈 $S=(a_1,a_2,a_3,\cdots,a_n)$,则一般称 a_1 为栈底元素,a_n 为栈顶元素,按 $a_1,a_2,a_3,\cdots,a_n$ 的顺序依次进栈,出栈的第一个元素为栈顶元素 a_n,也就是说栈是按后进先出的原则进行,如图 6.1 所示,所以栈可称为后进先出(last in first out)的线性表(简称为 LIFO 结构),当栈中无数据元素时,称为空栈。

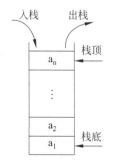

图 6.1　栈示意图

在实际应用中,栈包含了如下的基本操作:
(1) 入栈：将一个元素插入栈的栈顶;
(2) 出栈：删除栈顶元素,返回栈顶元素的值;
(3) 取栈顶元素：返回栈顶元素的值。

为表示栈的基本操作,可采用抽象类模板方法来声明,具体类模板声明如下:

```
//栈类模板
template<class ElemType>
class Stack
{
public:
    //栈操作
    Stack() {}                              //构造函数
    virtual ~Stack() {}                     //析构函数
    virtual bool Push(const ElemType &e)=0; //入栈
    virtual bool Pop(ElemType &e)=0;        //出栈
    virtual bool GetTop(ElemType &e) const=0; //取栈顶元素
};
```

栈具体实现时,有两种存储结构(实现方式)的栈:顺序栈和链式栈。

对于顺序栈,实际上就是利用一组地址连续的存储单元依次存放自栈底到栈顶的数据元素,同时附设 top 指示栈顶元素在顺序栈中的位置。通常的习惯做法是以 top=-1 表示空栈,栈的初始化操作是将 top 赋值为-1,每当插入新的栈顶元素(入栈)时,top 增 1;删除栈顶元素时(出栈),top 减 1,图 6.2 是顺序栈操作示意图。

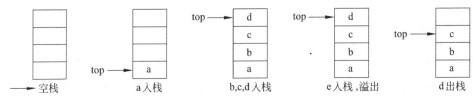

图 6.2　顺序栈操作示意图

对于链式栈,就是利用链表来存储栈,每个数据元素用一个结点(node)来存储,一个结点由两个数据成员组成,一个是存放数据元素的 data,称为数据域;另一个是存储指向此链表下一个结点的指针 next,称为指针域。如图 6.3 所示,如 p 指向结点,则结点的数据域为 p—>data,指针域为 p—>next,p—>next 指向结点的下一结点。

链式栈如图 6.4 所示,其中栈底结点中的"∧"表示空指针,也就是此结点无下一结点。

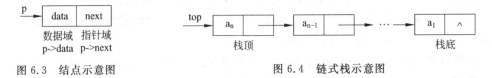

图 6.3　结点示意图　　　　　图 6.4　链式栈示意图

入栈时,就是在栈顶前插入一个结点,如图 6.5 所示,可用如下代码实现入栈操作:

```
top=new Node<ElemType>(e, top);    //以 e 为数据值,top 指向下一结点构造新结点
```

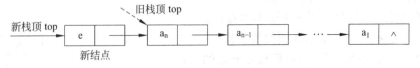

图 6.5　入栈示意图

出栈时,将删除栈顶结点,如图 6.6 所示,可用如下代码实现入栈操作:

```
e=top->data;                                    //用 e 返回栈顶元素
Node<ElemType> * p=top;                          //暂存栈顶
top=top->next;                                   //top 指向下一结点
delete p;                                        //释放原栈顶
```

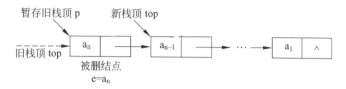

图 6.6 出栈示意图

下面是上机操作步骤:

(1) 建立工程 stack。

(2) 建立头文件 node.h,声明结点类模板,具体内容如下:

```
//文件路径名：stack\node.h
#ifndef __NODE_H__                               //如果没有定义__NODE_H__
#define __NODE_H__                               //那么定义__NODE_H__

//结点类模板
template<class ElemType>
struct Node
{
//数据成员:
    ElemType data;                               //数据域
    Node<ElemType> * next;                       //指针域

//构造函数:
    Node() { next=NULL; }                        //无参数的构造函数
    Node(ElemType item, Node<ElemType> * link=NULL)
                                                 //已知数据元素值和指针建立结点
    { data=item; next=link;}
};

#endif
```

(3) 建立头文件 stack.h,声明栈类模板,具体内容如下:

```
//文件路径名：stack\stack.h
#ifndef __STACK_H__                              //如果没有定义__STACK_H__
#define __STACK_H__                              //那么定义__STACK_H__

#include "node.h"                                //结点类模板
```

```
#define STACK_SIZE 10000                          //假定预分配的顺序栈空间最多为10000个元素

//栈类模板
template<class ElemType>
class Stack
{
public:
    //栈操作
    Stack() {}                                    //构造函数
    virtual ~Stack() {}                           //析构函数
    virtual bool Push(const ElemType &e)=0;       //入栈
    virtual bool Pop(ElemType &e)=0;              //出栈
    virtual bool GetTop(ElemType &e) const=0;     //取栈顶元素
};

//顺序栈类模板
template<class ElemType>
class SqStack: public Stack<ElemType>
{
private:
    //顺序栈数据成员
    ElemType elem[STACK_SIZE];                    //存储栈元素值
    int top;                                      //栈顶

public:
    //栈操作
    SqStack() { top=-1; }                         //构造函数
    ~SqStack() {}                                 //析构函数

    bool Push(const ElemType &e)                  //入栈
    {
        if (top==STACK_SIZE-1) return false;      //栈满,入栈失败
        else                                      //栈未满
        {
            elem[++top]=e;                        //栈顶指针加1后将e入栈
            return true;                          //入栈成功
        }
    }

    bool Pop(ElemType &e)                         //出栈
    {
        if (top==-1) return false;                //栈空,出栈失败
        else                                      //栈不空
        {
            e=elem[top--];                        //用e返回栈顶元素后将栈顶指针减1
```

```
            return true;                                    //出栈成功
        }
    }

    bool GetTop(ElemType &e) const                          //取栈顶元素
    {
        if (top==-1) return false;                          //栈空,出栈失败
        else
        {                                                   //栈不空
            e=elem[top];                                    //用 e 返回栈顶元素
            return true;                                    //出栈成功
        }
    }
};


//链式栈类模板
template<class ElemType>
class LinkStack: public Stack<ElemType>
{
private:
    //顺序栈数据成员
    Node<ElemType> * top;                                   //栈顶指针

public:
    //栈操作
    LinkStack() { top=NULL; }                               //构造函数
    ~LinkStack()                                            //析构函数
    {
        ElemType e;                                         //临时变量
        while ( top !=NULL) Pop(e);                         //出栈,直到栈为空

    }

    bool Push(const ElemType &e)                            //入栈
    {
        top=new Node<ElemType>(e, top);
                            //以 e 为数据值,top 指向下一结点构造新结点
        return true;                                        //入栈成功
    }

    bool Pop(ElemType &e)                                   //出栈
    {
        if (top==NULL) return false;                        //栈空,出栈失败
        else
        {                                                   //栈不空
```

```cpp
            e=top->data;                        //用 e 返回栈顶元素
            Node<ElemType> * p=top;             //暂存栈顶
            top=top->next;                      //top 指向下一结点
            delete p;                           //释放原栈顶
            return true;                        //出栈成功
        }
    }

    bool GetTop(ElemType &e) const              //取栈顶元素
    {
        if (top==NULL) return false;            //栈空,出栈失败
        else
                                                //栈不空
        {
            e=top->data;                        //用 e 返回栈顶元素
            return true;                        //出栈成功
        }
    }
};


#endif
```

(4) 建立源程序文件 main.cpp,实现 main()函数,具体代码如下:

```cpp
//文件路径名:stack\main.cpp
#include<iostream>                              //编译预处理命令
using namespace std;                            //使用命名空间 std
#include "stack.h"                              //栈类模板

int main()                                      //主函数 main()
{
    int select=0;                               //工作变量
    Stack<int> * pStack;                        //指向栈的指针
    int e;                                      //元素

    do
    {
        cout<<"请选择(1:测试顺序栈, 2:测试链式栈)";
        cin>>select;                            //输入选择
    } while (select !=1 && select !=2);
    if (select==1) pStack=new SqStack<int>;
    else pStack=new LinkStack<int>;

    while (select !=5)
    {
        cout<<"1.生成栈"<<endl;
        cout<<"2.入栈"<<endl;
```

```cpp
        cout<<"3.出栈"<<endl;
        cout<<"4.取栈顶"<<endl;
        cout<<"5.退出"<<endl;
        cout<<"选择功能(1~5):";
        cin>>select;                            //输入菜单功能选择

        switch (select)
        {
            case 1:                             //生成栈
                cout<<"输入 e(e=0 时退出):";
                cin>>e;                         //输入 e
                while (e !=0)
                {
                    pStack->Push(e);            //e 非 0,入栈
                    cin>>e;                     //输入 e
                }
                break;
            case 2:                             //入栈
                printf("输入元素值:");
                cin>>e;                         //输入 e
                pStack->Push(e);                //入栈
                break;
            case 3:                             //出栈
                pStack->Pop(e);                 //出栈操作
                cout<<"栈顶元素值为"<<e<<endl;    //输出栈顶元素
                break;
            case 4:                             //取栈顶
                pStack->GetTop(e);              //取栈顶操作
                cout<<"栈顶元素值为"<<e<<endl;    //输出栈顶元素
                break;
        }
    }

    delete pStack;                              //释放存储空间

    system("PAUSE");                            //调用库函数 system( ),输出系统提示并返回操作系统
    return 0;                                   //返回值 0,返回操作系统
}
```

程序运行时屏幕输出参考如下:

请选择(1:测试顺序栈, 2:测试链式栈)2
1. 生成栈
2. 入栈
3. 出栈
4. 取栈顶

5. 退出
选择功能(1~5):1
输入 e(e=0 时退出):1 2 3 0
1. 生成栈
2. 入栈
3. 出栈
4. 取栈顶
5. 退出
选择功能(1~5):4
栈顶元素值为 3
1. 生成栈
2. 入栈
3. 出栈
4. 取栈顶
5. 退出
选择功能(1~5):
　⋮

6.5　程序陷阱

1. 构造函数、析构函数和虚函数

由于一般需将基类的析构函数设置为虚函数,初学者常常犯的错误是误将构造函数也设置为虚函数,下面是示例程序。

```cpp
//文件路径名:trape6_1\main.cpp
#include<iostream>                              //编译预处理命令
using namespace std;                            //使用命名空间 std

//声明基类 A
class A
{
public:
//公有函数:
//   virtual A() {}                             //错,构造函数不能调置为虚函数
    virtual ~A() {}                             //虚析构函数
    void Show() const { cout<<"基类 A"<<endl; }  //显示相关信息
};

//声明派生类 B
class B: public A
{
public:
//公有函数:
    void Show() const { cout<<"基类 B"<<endl; }  //显示相关信息
};
```

```
int main()                      //主函数 main()
{
    A * p=  new B;              //基类对象的指针变量可指向派生类对象
    p->Show();                  //显示相关信息
    delete p;                   //释放临时对象

    system("PAUSE");            //调用库函数 system(),输出系统提示并返回操作系统
    return 0;                   //返回值 0, 返回操作系统
}
```

2. 抽象类与对象

抽象类不能直接生成对象,当函数形参是抽象基类的引用时,实参不能是基类对象,只能是派生类对象;可以定义抽象基类的指针,这样的指针不能指向基类对象,只能指向派生类对象。

6.6 习　　题

一、选择题

1. 在 C++ 中,用于实现运行时多态性的是_____。

A) 友元函数　　　　B) 重载函数　　　　C) 模板函数　　　　D) 虚函数

2. 虚函数支持多态调用,一个基类的指针可以指向派生类的对象,而且通过这样的指针调用虚函数时,被调用的是指针所指的实际对象的虚函数;而非虚函数不支持多态调用。有以下程序:

```
//文件路径名:ex6_1_2\main.cpp
#include<iostream>                        //编译预处理命令
using namespace std;                      //使用命名空间 std

class A
{
public:
    virtual void Fun() const { cout<<"A"; }    //输出信息
    void Show() const { cout<<"A"; }           //输出信息
};

class B: public A
{
public:
    void Fun() const { cout<<"B"; }            //输出信息
    void Show() const { cout<<"B"; }           //输出信息
};

int main()                                      //主函数 main()
```

```
{
    B obj;                                          //定义对象
    A * p=&obj;                                     //指针
    p->Fun();                                       //调用 Fun()
    p->Show();                                      //输出信息
    cout<<endl;                                     //换行
    return 0;                                       //返回值 0, 返回操作系统
}
```

程序运行的输出结果是_____。

A) BA   B) AB   C) AA   D) BB

3. 有以下程序：

```
//文件路径名:ex6_1_3\main.cpp
#include<iostream>                                  //编译预处理命令
using namespace std;                                //使用命名空间 std

class B
{
public:
    virtual void Show() const { cout<<"B"; }        //输出信息
};

class D: public B
{
public:
    void Show() const { cout<<"D"; }                //输出信息
};

void Fun1(const B * p) { p->Show(); }               //定义 Fun1()
void Fun2(const B &obj) { obj.Show(); }             //定义 Fun2()
void Fun3(const B obj) { obj.Show(); }              //定义 Fun3()

int main()                                          //主函数 main()
{
    B * p=new D;                                    //指针
    D d;                                            //对象
    Fun1(p);                                        //调用 Fun1()
    Fun2(d);                                        //调用 Fun2()
    Fun3(d);                                        //调用 Fun3()
    cout<<endl;                                     //换行
    return 0;                                       //返回值 0, 返回操作系统
}
```

程序的输出结果是_____。

A) BBB   B) BBD   C) DBB   D) DDB

4. 下面四个关键字中,用于说明虚函数的是_____。

A) virtual   B) public   C) protected   D) private

二、填空题

1. 有以下程序:

```
//文件路径名:ex6_2_1\main.cpp
#include<iostream>                                   //编译预处理命令
using namespace std;                                 //使用命名空间 std

class A
{
public:
    virtual void Fun() const { cout<<"A"<<endl; }    //输出信息
};

class B: public A
{
public:
    void Fun() const { cout<<"B"<<endl; }            //输出信息
};

void Show(const A &a) { a.Fun(); }                   //引用参数

int main()                                           //主函数 main()
{
    B obj;                                           //定义对象
    Show(obj);                                       //输出信息

    system("PAUSE");        //调用库函数 system(),输出系统提示并返回操作系统
    return 0;               //返回值 0,返回操作系统
}
```

执行这个程序的输出结果是_____。

2. 下列程序的输出结果为 2,试将程序补充完整。

```
//文件路径名:ex6_2_2\main.cpp
#include<iostream>                                   //编译预处理命令
using namespace std;                                 //使用命名空间 std

class A
{
public:
    _____ void Show() const { cout<<1<<endl; }  //输出信息
};

class B: public A
```

```
{
public:
    void Show() const { cout<<2<<endl; }                    //输出信息
};

int main()                                                  //主函数 main()
{
    A * p=new B;                                             //定义指针
    p->Show();                                              //输出信息
    delete p;                                               //释放空间

    system("PAUSE");                                        //调用库函数 system( ),输出系统提示并返回操作系统
    return 0;                                               //返回值 0, 返回操作系统
}
```

3. 有以下程序：

```
//文件路径名:ex6_2_3\main.cpp
#include<iostream>                                          //编译预处理命令
using namespace std;                                        //使用命名空间 std

class A
{
public:
    virtual void Show() const { cout<<1; }                  //输出信息
};

class B: public A {};

class C: public B
{
public:
    void Show() const                                       //输出信息
    {
        B::Show();                                          //调用类 B 的 Show()函数
        cout<<2<<endl;
    }
};

int main()                                                  //主函数 main()
{
    A * p=new C;                                             //定义指针
    p->Show();                                              //输出信息
    delete p;                                               //释放空间

    system("PAUSE");                                        //调用库函数 system( ),输出系统提示并返回操作系统
```

```
        return 0;                        //返回值 0,返回操作系统
    }
```

执行上面的程序,输出结果是_____。

4. 含有纯虚函数的类称为_____。

三、编程题

1. 设计一个基类 Shape 包含成员函数 Show(),将 Show()声明为纯虚函数。Shape 类公有派生矩形类 Rectangle 和圆类 Circle,分别定义 Show()实现其主要几何元素的显示。使用抽象类 Shape 类型的指针,当它指向某个派生类的对象时,就可以通过它访问该对象的虚成员函数 Show()。

**2. 编写程序,定义抽象基类 Shape(形状),由它派生出两个派生类:Circle(圆形)和 Square(正方形),用函数 ShowArea()分别显示各种图形的面积,最后还要显示所有图形的总面积。要求用基类指针数组,数组的每个元素指向一个派生类对象。

*3. 定义 Employee(员工)类,由 Employee 分别派生出 Saleman(销售员)类和 Manager(经理)类。

要求:

(1) 在 Employee 类中包含的数据成员有编号(num)、姓名(name)、基本工资(basicSalary)和奖金(prize)。在 Saleman 类中还包含数据成员销售员提成比例(deductRate)和个人销售额(personAmount),在 Manager 类中还包含数据成员经理提成比例(totalDeductRate)和总销售额(totalAmount)。

(2) 各类人员的实发工资公式如下:

　　　员工实发工资＝基本工资＋奖金

　　　销售员实发工资＝基本工资＋奖金＋个人销售额×销售员提成比例

　　　经理实发工资＝基本工资＋奖金＋总销售额×经理提成比例

(3) 每个类都有构造函数、输出基本信息 Show()虚函数和输出实发工资虚函数 ShowSalary()。

第7章 输入输出流

7.1 C++ 的输入和输出

7.1.1 输入输出的概念

以前本书所使用的输入和输出都指从键盘输入数据,执行结果输出到屏幕上。操作系统将每个与主机相连的输入输出设备都看作文件。键盘是输入文件,屏幕为输出文件。此外磁盘文件既可以作为输入文件,也可以作为输出文件。

C++ 的输入与输出主要包括以下两方面的内容。

(1) 标准的输入输出,简称标准 I/O,也就是从键盘输入数据,从屏幕输出数据。

(2) 文件的输入输出,简称文件 I/O,从磁盘文件输入数据,将结果输出到磁盘文件。近年来也可用光盘文件和 U 盘文件作为输入输出文件。

C++ 系统提供了功能强大的 I/O 类库,使用不同的类去实现各种功能。

7.1.2 C++ 的输入输出流

输入和输出指数据传送的过程,数据像流水一样从一个地方流向另一个地方。C++ 将此过程称为流(stream)。C++ 的输入输出流是由若干字节组成的字节序列,这些字节中的数据按照顺序从一个地方传送到另一个地方。流指信息从源到目的端的流动。在输入数据时,字节流从输入设备流向内存,在输出数据时,字节流从内存流向输出设备。

C++ 将会在内存中为每一个数据流开辟一个缓冲区用于存放流中的数据。比如用 cout 和输出运算符"<<"向显示器输出数据时,实际上是先将这些数据送到程序中的输出缓冲区保存,直到输出缓冲区满了、遇到 endl 或程序已结束,这时才将缓冲区中的全部数据传送到显示器显示出来。在输入时,从键盘输入的数据先存放在键盘缓冲区中,当按回车键时,键盘缓冲区中的数据才输入到程序中的输入缓冲区,形成 cin 流,然后用输入运算符">>"从输入缓冲区中将数据传送给程序中的有关变量。

在 C++ 中,输入输出流被定义为类。C++ 的 I/O 库中的类称为流类。采用流类定义的对象称为流对象。

1. I/O 库常用的流类

I/O 库中有如下常见的类:

(1) ios:抽象基类,由 ios 派生出类 istream 和类 ostream。

(2) istream:通用输入流类,支持输入操作。

(3) ostream:通用输出流类,支持输出操作。

(4) iostream:通用输入输出流类,由类 istream 和类 ostream 派生,支持输入输出操作。

(5) ifstream:输入文件流类,由类 istream 所派生,支持输入文件操作。

（6）ofstream：输出文件流类，由类 ostream 所派生，支持输出文件操作。

（7）fstream：输入输出文件流类，由类 iostream 所派生，支持输入输出文件操作。

I/O 库常用的流类继承关系如图 7.1 所示。

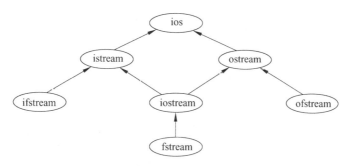

图 7.1　I/O 库常用的流类继承关系

2. I/O 库常用流类的头文件

I/O 库不同类的声明被包含在不同的头文件中，常用的流类的头文件有：

（1）iostream（或 iostream.h）：包含对输入输出流进行操作所需的基本信息，包括类 ios、类 istream、类 ostream 和类 iostream 的声明。

（2）fstream（fstream.h）：包含用户管理的文件的 I/O 操作，包括类 ifstream，类 ofstream 和类 fstream 的声明。

（3）iomanip（iomanip.h）：在使用输出流控制符时应包含此头文件。

7.2　标准输出流对象 cout

7.2.1　cout

cout 是 console output 的英文缩写，表示在控制台（终端显示器）的输出。cout 是输出流类 ostream 的对象，cout 是流向标准输出设备显示器的数据流。cout 中的数据是采用输出运算符"＜＜"顺序加入的。例如：

cout<<"我"<<"努力学习"<<"C++。"<<endl;

在执行时将"我"、"努力学习"、"C++。"和 endl 依次加入到 cout 中，然后 cout 就将它们传送到显示器，在显示器上输出：

我努力学习 C++。

7.2.2　格式输出

在前面输出数据时，没有指定输出格式，由系统根据数据类型选取默认的格式，但有时希望数据按指定的格式输出，比如对输出的小数只保留两位小数等。

1. 输出格式状态

输出格式状态是在类 ios 中定义的枚举值，用于指定输出数据的格式。所以在引用这些格式状态时要在前面加上类名 ios 和作用域运算符"：："。常用输出格式状态见表 7.1。

表 7.1　常用输出格式状态

输出格式状态	功　　能	输出格式状态	功　　能
ios::left	输出数据左对齐	ios::scientific	浮点数以科学记数法格式输出
ios::right	输出数据右对齐	ios::fixed	浮点数以定点格式(小数形式)输出

2. 使用输出流控制符控制输出格式

输出流控制符是在头文件 iomanip(或 iomanip.h)中定义的,因而程序中应当包含头文件 iomanip(或 iomanip.h)。常用输出流控制符见表 7.2。

表 7.2　常用输出流控制符

输出流控制符	功　　能
setprecision(n)	设置实数的精度为 n 位。在以一般十进制小数形式输出时 n 代表有效数字。在以定点格式和科学记数法格式输出时 n 为小数位数,对后面的每个输出项都起作用
setw(n)	设置输出项宽度为 n 位,只对后面的第一个输出项起作用
setfill(ch)	设置填充字符 ch,对后面的每个输出项都起作用
setiosflags(输出格式状态)	设置输出格式状态,括号中给出输出格式状态
resetiosflags(输出格式状态)	终止已设置的输出格式状态

下面通过示例说明常用输出流控制符的使用方法。

例 7.1　输出流控制符的使用方法示例。

```
//文件路径名:e7_1\main.cpp
# include <iostream>                          //编译预处理命令
# include <iomanip>                           //包含输出流控制符的定义
using namespace std;                          //使用命名空间 std

int main(void)                                //主函数 main(void)
{
    cout<<setiosflags(ios::left)              //设置左对齐
        <<setw(10)                            //设置输出项宽度为 10
        <<setfill('*')                        //设置填充字符为'*'
        <<"左对齐"<<endl                      //输出内容
        <<resetiosflags(ios::left);           //终止左对齐

    cout<<setiosflags(ios::right)             //设置右对齐
        <<setw(10)                            //设置输出项宽度为 10,此项不能省略
        <<setfill('*')                        //设置填充字符为'*',此处可省略
        <<"右对齐"<<endl                      //输出内容
        <<resetiosflags(ios::right);          //终止右对齐

    cout<<setiosflags(ios::scientific)        //设置浮点数以科学记数法格式输出
        <<setprecision(8)                     //设置在以科学记数法格式输出时,输出 8 位小数位数
        <<7.0/3<<endl                         //输出内容
        <<resetiosflags(ios::scientific);     //终止浮点数以科学记数法格式输出
```

```
cout<<setiosflags(ios::fixed)          //设置浮点数以定点格式(小数形式)输出
    <<setprecision(8)                  //设置在以定点格式输出时,输出8位小数位数,可省略
    <<7.0/3<<endl                      //输出内容
    <<resetiosflags(ios::fixed);       //终止浮点数以定点格式(小数形式)输出

cout<<setprecision(8) //设置在以一般十进制小数形式输出时, 输出8位有效数字,可省略
    <<7.0/3<<endl;     //输出内容

system("PAUSE");       //调用库函数system(),输出系统提示并返回操作系统
return 0;              //返回值0,返回操作系统
}
```

程序运行时屏幕输出如下:

左对齐****

****右对齐

2.33333333e+000

2.33333333

2.3333333

请按任意键继续...

本例程序中,当第一次用输出流控制符 setw(10)设置输出项宽度为 10 时,只对后面的第一输出项起作用,因此如果后面相继的输出项的宽度也为 10,必须重新用输出流控制符 setw(10)设置输出宽度;当第一次用输出流控制符 setfill('*')设置填充字符为'*'时,对后面的所有输出项都起作用,因此如果后面相继的输出项的填充字符也为'*',则不必重新用输出流控制符 setfill('*')设置填充字符;当第一次用输出流控制符 setprecision(8)设置精度为 8 时,对后面的所有输出项都起作用,因此如果后面相继的输出项的精度也为 8 时,则不必重新用输出流控制符 setprecision(8)设置精度。

3. 使用输出类成员函数控制输出格式

除可以用控制符来控制输出格式外,还可等价地通过调用输出流对象 cout 的成员函数来控制输出格式,用于控制输出格式的常用成员函数如表 7.3 所示。

表 7.3　常用输出流控制格式的成员函数

成员函数	等价的输出流控制符	功　能
precision(n)	setprecision(n)	设置实数的精度为 n 位。在以一般十进制小数形式输出时 n 代表有效数字。在以定点格式和科学记数法输出格式时 n 为小数位数,对后面的每个输出项都起作用
width(n)	setw(n)	设置输出项宽度为 n 位,只对后面的第一个输出项起作用
fill(ch)	setfill(ch)	设置填充字符 ch,对后面的每个输出项都起作用
setf(输出格式状态)	setiosflags(输出格式状态)	设置输出格式状态,括号中给出输出格式状态,具体输出格式状态与功能见表 7.1
unsetf(输出格式状态)	resetiosflags(输出格式状态)	终止已设置的输出格式状态

例 7.2 控制输出格式的常用成员函数使用方法示例。

```
//文件路径名:e7_2\main.cpp
#include <iostream>                    //编译预处理命令
using namespace std;                   //使用命名空间 std

int main(void)                         //主函数 main()
{
    cout.setf(ios::left);              //设置左对齐
    cout.width(10);                    //设置输出项宽度为 10
    cout.fill('*');                    //设置填充字符为'*'
    cout<<"左对齐"<<endl;              //输出内容
    cout.unsetf(ios::left);            //终止左对齐

    cout.setf(ios::right);             //设置右对齐
    cout.width(10);                    //设置输出项宽度为 10,此项不能省略
    cout.fill('*');                    //设置填充字符为'*',此处可省略
    cout<<"右对齐"<<endl;              //输出内容
    cout.unsetf(ios::right);           //终止右对齐

    cout.setf(ios::scientific);        //设置浮点数以科学记数法格式输出
    cout.precision(8);                 //设置在以科学记数法格式输出时,输出 8 位小数位数
    cout<<7.0/3<<endl;                 //输出内容
    cout.unsetf(ios::scientific);      //终止浮点数以科学记数法格式输出

    cout.setf(ios::fixed);             //设置浮点数以定点格式(小数形式)输出
    cout.precision(8);                 //设置在以定点格式输出时,输出 8 位有效数字,此处可省略
    cout<<7.0/3<<endl;                 //输出内容
    cout.unsetf(ios::fixed);           //终止浮点数以定点格式(小数形式)输出

    cout.precision(8);
                    //设置在以一般十进制小数位数形式输出时,输出 8 位有效数字,此处可省略
    cout<<7.0/3<<endl;                 //输出内容

    system("PAUSE");                   //调用库函数 system(),输出系统提示并返回操作系统
    return 0;                          //返回值 0,返回操作系统
}
```

程序运行时屏幕输出如下:

左对齐****
****右对齐
2.33333333e+000
2.33333333
2.3333333
请按任意键继续...

本例程序中,当第一次用输出类成员函数 cout.width(10)设置输出项宽度为 10 时,只对后面的第一输出项起作用,因此如果后面相继的输出项的宽度也为 10,则必须重新用输出类成员函数 cout.width(10)设置输出宽度;当第一次用输出类成员函数 cout.fill('＊')设置填充字符为'＊'时,对后面的所有输出项都起作用,因此如果后面相继的输出项的填充字符也为'＊',则不必重新用输出类成员函数 cout.fill('＊')设置填充字符;当第一次用输出类成员函数 cout.precision(8)设置精度为 8 时,对后面的所有输出项都起作用,因此如果后面相继的输出项的精度也为 8 时,则不必重新用输出类成员函数 cout.precision(8)设置精度。

7.2.3 输出流类成员函数 put()

对于输出单个字符,除了可用输出运算符"＜＜"外,还可以用输出流成员函数 put()实现,此成员函数的使用格式一般为:

输出流对象.put(ch)

其中 ch 为要输出的字符。

例 7.3 使用输出流成员函数 put()示例。

```
//文件路径名:e7_3\main.cpp
#include <iostream>              //编译预处理命令
using namespace std;            //使用命名空间 std

int main(void)                  //主函数 main()
{
    char str[]="Hello, world!";   //定义字符串
    for (int i=strlen(str)-1; i>=0; i--)
        cout.put(str[i]);         //输出第 i 个字符
    cout<<endl;                   //换行

    system("PAUSE");             //调用库函数 system(),输出系统提示并返回操作系统
    return 0;                    //返回值 0,返回操作系统
}
```

程序运行时屏幕输出如下:

!dlrow ,olleH
请按任意键继续...

本例程序中,"for(int i＝strlen(str)−1; i＞＝0; i--)cout.put(str[i]);"用于从字符串的最后一个字符开始反向输出字符串的各个字符。

7.3 标准输入流对象 cin

7.3.1 cin

cin 是类 istream 的对象,用于从标准输入设备获取数据,通过输入运算符"＞＞"将输入的数据传送给程序的变量,采用输入运算符"＞＞"输入数据时,一般会自动跳过空格、

tab 键、换行符等空白字符。

7.3.2　输入流类的常用字符输入的成员函数

除了可以用 cin 和输入运算符"＞＞"输入字符外,还可以使用 istream 类一些成员函数来实现字符的输入,下面将分别介绍常用字符输入的流成员函数。

1. 用 get()函数输入字符

成员函数 get()用于输入单个字符,常用使用方式如下:

输入流对象.get()

函数返回读入的字符。若遇到输入流中的文件结束符,则函数值返回文件结束标志 EOF(End Of File),下面是使用示例。

例 7.4　用不带参数的 get()函数输入字符。

```cpp
//文件路径名:e7_4\main.cpp
#include <iostream>              //编译预处理命令
using namespace std;            //使用命名空间 std

int main(void)                  //主函数 main()
{
    char ch;                    //字符变量
    cout<<"请输入一行字符:"<<endl;  //输入提示
    ch=cin.get();               //输入字符
    while (ch!='\n')
    {
        cout.put(ch);           //输出字符
        ch=cin.get();           //输入字符
    }
    cout<<endl;                 //换行

    system("PAUSE");            //调用库函数 system(),输出系统提示并返回操作系统
    return 0;                   //返回值 0,返回操作系统
}
```

程序运行时屏幕输出如下:

```
请输入一行字符:
Hello,    world!
Hello,    world!
请按任意键继续...
```

2. 用 getline()函数读入一行字符

getline()函数用于从输入流对象中输入一行字符,一般使用格式如下:

输入流对象.getline(字符指针,字符个数 n)

如果输入的一行字符中,字符个数小于 n,则字符指针指向的字符串存储实际输入的字

符,如字符个数大于或等于 n,则字符指针指向的字符串只存储 n−1 个字符,这是由于在字符串末尾要存储字符串结束符'\0',所以实际最多存储 n−1 个字符。

例 7.5 用 getline()输入一行字符。

```cpp
//文件路径名:e7_5\main.cpp
#include<iostream>                    //编译预处理命令
using namespace std;                  //使用命名空间 std

int main(void)                        //主函数 main()
{
    char s[10];                       //字符串
    cout<<"请输入一行字符:"<<endl;     //输入提示
    cin.getline(s, 10);               //输入一行字符
    cout<<s<<endl;                    //输出一行字符

    system("PAUSE");                  //调用库函数 system(),输出系统提示并返回操作系统
    return 0;                         //返回值 0,返回操作系统
}
```

程序运行时屏幕输出如下:

请输入一行字符:
I study C++very hard!
I study C
请按任意键继续...

上面运行过程中,输入的字符串为"I study C++ very hard!",共 22 个字符,而输出的字符串为"I study C",只有 9 个字符。

7.3.3 输入流类的其他常用成员函数

除了以上介绍的用于输入字符的成员函数外,istream 类还有其他在输入数据时常用的成员函数。下面加以介绍:

1. eof()函数

eof 是英文 end of file 的缩写,表示"文件结束"。eof()函数的使用方式如下:

输入流对象.eof()

从输入流对象读取数据时,如果当前字节为文件结束符(也就是遇到文件结束),eof()函数值为非零值(表示真),否则为 0(表示假)。在标准输入流 cin 中,在从键盘上输入时,一般用 Ctrl+Z 输入文件结束符。

例 7.6 eof()函数使用示例。

```cpp
//文件路径名:e7_6\main.cpp
#include<iostream>                    //编译预处理命令
using namespace std;                  //使用命名空间 std
```

```
char GetChar(istream &in=cin)          //从输入流 in 中跳过空格及制表符获取一字符
{
    char ch;                           //字符变量

    while (!in.eof()                   //未遇到文件结束符
        && ((ch=in.get())==' '         //输入的字符为空格
        ||ch=='\t'));                  //或制表符

    return ch;                         //返回字符
}

int main(void)                         //主函数 main()
{
    char ch;                           //字符变量
    cout<<"请输入一行字符:"<<endl;      //输入提示
    ch=GetChar();                      //输入字符,自动跳过空格与制表符 tab
    while (ch!='\n')
    {
        cout.put(ch);                  //输出字符
        ch=GetChar();                  //输入字符,自动跳过空格与制表符 tab
    }
    cout<<endl;                        //换行

    system("PAUSE");                   //调用库函数 system(),输出系统提示并返回操作系统
    return 0;                          //返回值 0,返回操作系统
}
```

程序运行时屏幕输出如下:

请输入一行字符:
Hello,   world!
Hello,world!
请按任意键继续 ...

本例程序中,函数 GetChar() 的函数体中的 while 的条件表示,当输入流未遇到文件结束符,并且当前所输入的字符是空格或制表符 tab 时,将继续输入新字符,直到遇到文件结束符或输入的不是空格或不是制表符 tab 时才结束循环,达到跳过空格与制表符的目的。

2. peek() 函数

peek() 函数用于观测输入流对象中的当前字符。其调用格式如下:

输入流对象.peek()

peek() 函数返回输入流对象中当前的字符,但输入流对象的当前位置不变,并不后移。如果要访问的字符是文件结束符,则函数值是 EOF。

例 7.7 采用 peek() 函数修改例 7.6。

//文件路径名:e7_7\main.cpp

```
#include <iostream>                  //编译预处理命令
using namespace std;                 //使用命名空间 std

char GetChar(istream &in=cin)        //从输入流 in 中跳过空格及制表符获取一字符
{
    char ch;                         //字符变量

    while (in.peek()!=EOF            //未遇到文件结束符
        && ((ch=in.get())==' '       //输入的字符为空格
        ||ch=='\t'));                //或制表符

    return ch;                       //返回字符
}

int main(void)                       //主函数 main()
{
    char ch;                         //字符变量
    cout<<"请输入一行字符:"<<endl;    //输入提示
    ch=GetChar();                    //输入字符,自动跳过空格与制表符 tab
    while (ch!='\n')
    {
        cout.put(ch);                //输出字符
        ch=GetChar();                //输入字符,自动跳过空格与制表符 tab
    }
    cout<<endl;                      //换行

    system("PAUSE");                 //调用库函数 system(),输出系统提示并返回操作系统
    return 0;                        //返回值 0, 返回操作系统
}
```

程序运行时屏幕输出如下：

请输入一行字符:
Hello,   world!
Hello,world!
请按任意键继续...

3. putback()函数
putback()函数的一般调用形式为：

输入流对象.putback(ch)

putback()函数的功能是将前面用 get()函数从输入流对象中输入的字符 ch 返回到输入流对象,插入到当前输入流对象的当前位置。

例 7.8 编程输入一行双精度实型数,不同数之间用空格或制表符 tab 隔开,假设每个实数均以十进制数字开始。

```
//文件路径名:e7_8\main.cpp
# include <iostream>                    //编译预处理命令
using namespace std;                    //使用命名空间 std

char GetChar(istream &in=cin)           //从输入流 in 中跳过空格及制表符获取一字符
{
    char ch;                            //字符变量

    while (in.peek()!=EOF                //未遇到文件结束符
        && ((ch=in.get())==' '          //输入的字符为空格
        ||ch=='\t'));                    //或制表符

    return ch;                          //返回字符
}


int main(void)                          //主函数 main()
{
    char ch;                            //字符变量
    double x;                           //双精度实型变量
    ch=GetChar();                       //跳过空格与制表符 tab 输入一个字符
    while (ch!='\n')
    {
        if (ch>='0' && ch<='9')
        {                               //是实数的开始字符
            cin.putback(ch);            //将 ch 回送到输入流对象 cin 中
            cin>>x;                     //输入双精度实数 x
            cout<<x<<" ";               //输出双精度实数 x
        }
        else
        {                               //非法字符
            cout<<"出现非法字符!"<<endl;
            exit(1);                    //退出程序
        }
        ch=GetChar();                   //跳过空格与制表符 tab 输入一个字符
    }
    cout<<endl;                         //换行

    system("PAUSE");                    //调用库函数 system(),输出系统提示并返回操作系统
    return 0;                           //返回值 0, 返回操作系统
}
```

程序运行时屏幕输出如下:

12   3.8   1.9
12 3.8 1.9
请按任意键继续...

在本例程序主函数 main()中的 while 循环中,当 GetChar()函数得到输入的字符为数字字符 ch 时,首先将 ch 返回到输入流,然后从此字符开始读入一双精度实型数 x,否则输出"出现非法字符!",再退出程序。

7.4　文件操作与文件流

7.4.1　文件和文件流的概念

文件是一组相关数据的有序集合。从不同的角度可对文件作不同的分类。从用户的角度看,文件可分为普通文件和设备文件两种。

普通文件指存储在磁盘或其他外部介质上的一个有序数据集,可以是源文件、目标文件、可执行文件;也可以是一组待处理的数据文件等。

设备文件是与主机相连的各种外部设备,如显示器和键盘等。在操作系统中,把外部设备也看做是文件来进行管理。通常把显示器定义为标准输出文件,在屏幕上显示有关信息就是向标准输出文件输出。

从文件编码的方式来看,文件可分为 ASCII 码文件和二进制文件两种。

ASCII 码文件也称为文本文件,这种文件在磁盘中存放的每个字符对应一个字节,用于存放对应的 ASCII 码。例如,数 5680 的存储形式为:

共占用 4 个字节。ASCII 码文件可在屏幕上按字符显示,例如源程序文件就是 ASCII 码文件。由于是按字符显示,因此能读懂文件内容。

二进制文件是按二进制的编码方式来存放的。例如,数 5678 的存储形式为:00000000 00000000 00010110 00101110 占用 4 个字节。

文件流实际上就是以外存文件为输入输出对象的数据流。输出文件流指从内存流向外存文件的数据,输入文件流指从外存文件流向内存的数据。

C++ 对磁盘文件声明了专门的文件类:

(1) ifstream 类,从 istream 类派生的。用于支持从外存文件的输入操作。

(2) ofstream 类,从 ostream 类派生的。用来支持向外存文件的输出操作。

(3) fstream 类,它是从 iostream 类派生的。用来支持对外存文件的输入输出操作。

要对外存文件进行操作,应先定义一个文件流类的对象,然后通过文件流对象操作数据。

可以采用如下方式定义文件流对象:

```
ofstream outFile;              //定义输出文件流对象 outFile
ifstream inFile;               //定义输入文件流对象 inFile
fstream file;                  //定义输入输出文件流对象 file
```

7.4.2 文件的打开与关闭操作

1. 打开外存文件操作

打开文件就是对文件进行读写操作之前的准备工作,主要包括两个方面的内容:

(1) 为文件流对象和特定的外存文件建立关联。

(2) 指定文件的操作方式。

文件操作方式用于指定是输入文件还是输出文件,是 ASCII 码文件还是二进制文件等,文件操作方式是在类 ios 中定义的枚举值。表 7.4 是常用文件操作方式。

表 7.4 常用文件操作方式

文件操作方式	功　　能
ios::in	以输入方式打开文件,如果文件不存在将出错,否则打开成功,是文件流类 ifstream 的默认打开方式,打开后文件当前位置在文件的开始处
ios::out	以输出方式打开文件,如果文件不存在,将建立一个新文件,否则将清空文件,是文件流类 ofstream 的默认打开方式,打开后文件当前位置在文件的开始处
ios::app	以追加方式打开,如果文件已存在,则不清除原有内容,否则编译将出现运行时错误,打开后文件的当前位置在文件的结尾处
ios::binary	以二进制方式打开文件,如不指定此方式,则默认为 ASCII 方式打开文件

每一个打开的文件流对象内部都有一个文件指针,用于指向当前的操作位置,每次读写操作都从文件指针指向的当前位置开始。当读出一个字节,指针将向后移一个字节。当文件指针移到最后时,这时将遇到 EOF 文件结束符,此时流对象的成员函数 eof() 的值为非 0 值(表示真),表示文件结束了。

可以用"位或"运算符"|"对输入输出方式进行组合,例如:

```
ios::in|ios::out              //以输入输出方式打开一个文本文件
ios::app|ios::binary          //以追加方式打开一个二进制文件
```

可以通过如下两种方式打开文件。

(1) 使用文件流类的成员函数 open() 打开文件,具体使用方式为:

文件流对象.open(磁盘文件名, 文件操作方式)

例如:

```
ofstream outFile;                        //定义一个输出流文件类 ofstream 对象 outFile
outFile.open("my_file.txt", ios::out);   //以输出方式打开一个文件,使文件流对象 outFile
                                         //与 my_file.txt 文件建立关联
```

外存文件名可以包括路径,如"C:\\ new\\my_file.txt",如没有指定路径,则默认为当前文件夹中的文件。

(2) 在定义文件流对象时指定参数,在声明文件流类时都有带参数的构造函数,其中包含了要打开的外存文件名及操作方式,所以可以在定义文件流对象时指定参数,以调用文件流类的构造函数来实现打开文件的操作。例如:

```
ofstream outFile("my_file.txt", ios::out);  //定义文件流对象,并以输入方式打开一个文件,使
                                              //文件流对象 outFile 与 my_file.txt 文件建立关联
```

这是一种更常用的形式,其作用与 open()函数相同。

如果打开操作失败,文件流成员函数 fail()返回非 0 值(表示真),否则返回 0(表示假),fail()函数的使用方式如下:

```
文件流对象.fail()
```

可按如下方式测试是否成功打开文件:

```
ofstream outFile;                            //定义一个输出流文件类 ofstream 对象 outFile
outFile.open("my_file.txt", ios::out);       //按输出方式打开文件
if (outFile.fail())
{                                            //打开文件失败
    cout<<"打开文件失败!"<<endl;
    exit(1);                                 //退出程序
}
```

或

```
ofstream outFile("my_file.txt", ios::out);   //定义文件流对象
if (outFile.fail())
{                                            //打开文件失败
    cout<<"打开文件失败!"<<endl;
    exit(1);                                 //退出程序
}
```

2. 关闭外存文件操作

当对已打开的外存文件的操作完成后,应关闭文件。使用成员函数 close()关闭文件。使用格式如下:

```
文件流对象.close()
```

例如:

```
outFile.close();                             //关闭文件流对象 outFile
```

关闭文件将解除外存文件与文件流对象的关联,这样将不能再通过文件流对象对该文件进行操作。

7.4.3 对文本文件的操作

文本文件的每一个字节中存储以 ASCII 码形式存放的数据,也就是一个字节存放一个字符,对文本文件的读写操作有两种方法:

1. 用输入运算符"＞＞"和输出运算符"＜＜"输入输出数据

由图 7.1 可知,文件流类都是相应 istream、ostream 和 iostream 类的派生类,因此相应 istream、ostream 和 iostream 类的操作适合于文件流类的相应操作。这样可以使用输入运算符"＞＞"和输出运算符"＜＜"来输入输出文件中的数据,与用 cin,cout 和"＜＜","＞＞"

对标准设备进行输入输出操作相同。下面通过示例加以说明。

例 7.9 有一个整型数组,含 10 个整数,将这些数据存入到一个文本文件中,然后再从这个文件中读数据并显示在屏幕上。

```cpp
//文件路径名:e7_9\main.cpp
# include <iostream>                  //编译预处理命令
# include <fstream>                   //编译预处理命令
using namespace std;                  //使用命名空间 std

int main(void)                        //主函数 main()
{
    int a[]={1, 5, 78, 90, 25, 16, 18, 86, 91, 10}, n=10, x;   //定义数组与整型变量
    fstream f;                        //定义文件对象

    f.open("my_file.txt", ios::out);  //以输出方式打开文件
    if (f.fail())
    {   //打开文件失败
        cout<<"打开文件失败!"<<endl;
        exit(1);                      //退出程序
    }
    for (int i=0; i<n; i++)
        f<<a[i]<<" ";                 //输出数据到文件中
    f.close();                        //关闭文件

    f.open("my_file.txt", ios::in);   //以输入方式打开文件
    if (f.fail())
    {   //打开文件失败
        cout<<"打开文件失败!"<<endl;
        exit(2);                      //退出程序
    }
    while (!f.eof())
    {
        f>>x;                         //从文件中输入数据到 x
        cout<<x<<" ";                 //输出 x 到屏幕
    }
    cout<<endl;                       //换行
    f.close();                        //关闭文件

    system("PAUSE");                  //调用库函数 system(),输出系统提示并返回操作系统
    return 0;                         //返回值 0, 返回操作系统
}
```

程序运行时屏幕输出如下:

1 5 78 90 25 16 18 86 91 10 10
请按任意键继续 ...

在向文件输出数据时，"f<<a[i]<<" """用于在各个数据后加一个空格，如采用"f<<
a[i]"，则所有数据之间无分隔符，达不到分别存储各个数据的目的，读者可上机试试，看看
会出现什么效果。

2. 采用文件流类的 put()、get()、geiline()等成员函数进行字符的输入输出

在 7.2.2 节和 7.2.3 节讨论的 put()、get()、geiline()等成员函数也被文件流类所继
承，因此也可在文件流对象中使用这些函数来进行字符的输入输出。下面通过几个示例加
以说明。

例 7.10　从键盘上输入一行字符存入到一个文本文件中，然后再从这个文件中输入各
个字符，并统计其中的英文字母的个数。

```cpp
//文件路径名:e7_10\main.cpp
# include <iostream>                        //编译预处理命令
# include <fstream>                         //编译预处理命令
using namespace std;                        //使用命名空间 std

int main(void)                              //主函数 main()
{
    char ch;                                //字符变量
    ofstream outFile("my_file.txt");        //定义输出文件对象,默认以输出方式打开文件
    if (outFile.fail())
    {                                       //打开文件失败
        cout<<"打开文件失败!"<<endl;
        exit(1);                            //退出程序
    }
    cout<<"输入一行文字:"<<endl;
    ch=cin.get();                           //输入一个字符 ch
    while (ch!='\n')
    {
        outFile.put(ch);                    //将 ch 输入到文件中
        ch=cin.get();                       //输入一个字符 ch
    }
    outFile.close();                        //关闭文件

    int letters=0;                          //字母个数
    ifstream inFile("my_file.txt");         //定义输入文件对象,默认以输入方式打开文件
    if (inFile.fail())
    {                                       //打开文件失败
        cout<<"打开文件失败!"<<endl;
        exit(2);                            //退出程序
    }
    ch=inFile.get();                        //从文件中输入一个字符 ch
    while (!inFile.eof())
    {                                       //文件末结束
        if (ch>='a' && ch<='z' ||ch>='A' && ch<='Z')
```

```
        letters++;                    //对英文字母进行记数
        ch=inFile.get();              //从文件中输入一个字符 ch
    }
    cout<<"共有英文字母"<<letters<<"个 "<<endl;
    inFile.close();                   //关闭文件

    system("PAUSE");                  //调用库函数 system(),输出系统提示并返回操作系统
    return 0;                         //返回值 0, 返回操作系统
}
```

程序运行时屏幕输出参考如下:

输入一行文字:
jhjJHJH67^7&&
共有英文字母 7 个
请按任意键继续 ...

例 7.11 编程实现显示一个文本文件的内容。

```
//文件路径名:e7_12_1\main.cpp
# include <iostream>                  //编译预处理命令
# include <fstream>                   //编译预处理命令
using namespace std;                  //使用命名空间 std

int main(void)                        //主函数 main()
{
    char s[200], fName[20];           //字符串
    ifstream f;                       //文件流对象

    cout<<"请输入文件名:";
    cin>> fName;                      //输入文件名
    f.open(fName);                    //打开文件
    if (f.fail())
    {                                 //打开文件失败
        cout<<"打开文件失败!"<<endl;
        exit(1);                      //退出程序
    }
    f.getline(s, 200);                //从文件中输入一行字符
    while (!f.eof())
    {                                 //文件未结束
        cout<<s<<endl;                //输出一行字符
        f.getline(s, 200);            //从文件中输入一行字符
    }
    f.close();                        //关闭文件

    system("PAUSE");
                                      //调用库函数 system(),输出系统提示并返回操作系统
    return 0;                         //返回值 0, 返回操作系统
}
```

程序运行时屏幕输出参考如下：

请输入文件名:main.cpp
//文件路径名:e7_12_1\main.cpp

```cpp
# include <iostream>              //编译预处理命令
# include <fstream>              //编译预处理命令
using namespace std;              //使用命名空间 std

int main(void)                    //主函数 main()
{
char s[200], fName[20];          //字符串
    ifstream f;                  //文件流对象

    cout<<"请输入文件名:";
    cin>>fName;                  //输入文件名
    f.open(fName);               //打开文件
    if (f.fail())
    {                            //打开文件失败
        cout<<"打开文件失败!"<<endl;
        exit(1);                 //退出程序
    }
    f.getline(s, 200);           //从文件中输入一行字符
    while (!f.eof())
    {                            //文件未结束
        cout<<s<<endl;           //输出一行字符
        f.getline(s, 200);       //从文件中输入一行字符
    }
    f.close();                   //关闭文件

    system("PAUSE");             //调用库函数 system(),输出系统提示并返回操作系统
    return 0;                    //返回值 0, 返回操作系统
}
```

请按任意键继续...

本例程序中,用成员函数 getline()从文件中输入一行字符,也可用成员函数 get()每次从文中输入一个字符来实现,具体程序修改如下：

```cpp
//文件路径名:e7_12_2\main.cpp
# include <iostream>                  //编译预处理命令
# include <fstream>                  //编译预处理命令
using namespace std;                  //使用命名空间 std

int main(void)                        //主函数 main()
{
    char ch, fName[20];              //定义变量
    ifstream f;                      //文件流对象
```

```
        cout<<"请输入文件名:";
        cin>>fName;                        //输入文件名
        f.open(fName);                     //打开文件
        if (f.fail())
        {                                  //打开文件失败
            cout<<"打开文件失败!"<<endl;
            exit(1);                       //退出程序
        }
        ch=f.get();                        //从文件中输入一个字符
        while (!f.eof())
        {                                  //文件末结束
            cout<<ch;                      //输出字符
            ch=f.get();                    //从文件中输入一个字符
        }
        f.close();                         //关闭文件

        system("PAUSE");                   //调用库函数 system(),输出系统提示并返回操作系统
        return 0;                          //返回值 0, 返回操作系统
    }
```

读者可上机试试。

7.4.4   对二进制文件的操作

二进制文件将按内存中数据存储形式不加转换地传送到外存文件,对二进制文件的操作也是首先需要打开文件,使用完毕后要关闭文件。

1. 用文件流类成员函数 read()和 write()读写二进制文件

对二进制文件的读写操作主要用文件流类成员函数 read()和 write()来实现,这两个成员函数的一般使用格式如下:

```
文件流对象.read(字符指针 buffer, 长度 len);
文件流对象.write(字符指针 buffer, 长度 len);
```

其中,字符指针 buffer 用于指向内存中一块存储空间。长度 len 指读写的字节数。

例 7.12   有一个整型数组,含 10 个整数,将这些数据存入到一个二进制文件中,然后再从这个文件中读出这些数据并显示在屏幕上。

```
//文件路径名:e7_12\main.cpp
#include <iostream>                                //编译预处理命令
#include <fstream>                                 //编译预处理命令
using namespace std;                               //使用命名空间 std

int main(void)                                     //主函数 main()
{
    int a[]={1, 5, 78, 90, 25, 16, 18, 86, 91, 10}, n=10, x;   //定义数组与整型变量
    fstream f;                                     //定义文件对象
```

```
    f.open("my_file.dat", ios::out | ios::binary);      //以输出方式打开文件
    if (f.fail())
    {                                                    //打开文件失败
        cout<<"打开文件失败!"<<endl;
        exit(1);                                         //退出程序
    }
    for (int i=0; i<n; i++)
        f.write((char *)&a[i], sizeof(int));             //写数据到文件中
    f.close();                                           //关闭文件

    f.open("my_file.dat", ios::in|ios::binary);          //以输入方式打开文件
    if (f.fail())
    {                                                    //打开文件失败
        cout<<"打开文件失败!"<<endl;
        exit(2);                                         //退出程序
    }
    f.read((char *)&x, sizeof(int));                     //从文件中读出数据到 x
    while (!f.eof())
    {
        cout<<x<<" ";                                    //输出 x 到屏幕
        f.read((char *)&x, sizeof(int));                 //从文件中读出数据到 x
    }
    cout<<endl;                                          //换行
    f.close();                                           //关闭文件

    system("PAUSE");
                                                         //调用库函数 system(),输出系统提示并返回操作系统
    return 0;                                            //返回值 0, 返回操作系统
}
```

程序运行时屏幕输出如下：

1 5 78 90 25 16 18 86 91 10 10
请按任意键继续...

本例程序中,由于成员函数 read()与 write()的第一个参数为字符指针,而本例中写入与读出的数据都为整数,实参第一项实际为整型指针,因此要作类型强制转换"(char ＊)& a[i]"与"(char ＊)& x"。

程序中通过 for 循环语句向文件写数据,每个整数写一次,实际上可以一次写入数组的所有元素,将 for 循环的两行改写为以下一行：

```
    f.write((char *)&a[0], sizeof(a));                   //写数据到文件中
```

采用这种一次可以写入一批数据的方法更简捷,同时效率较高。

2. 采用与文件指针有关的流成员函数来实现随机访问二进制文件

对于二进制文件,允许对指针进行控制,使它按用户的意图移动到所需的位置,以便在

该位置上进行读写。文件流提供一些有关文件指针的成员函数,常用的文件流与文件指针有关的成员函数如表 7.5 所示。

表 7.5　文件流与文件指针有关的成员函数

文件操作方式	功　　能
tellg()	返回输入文件指针的当前位置
seekg(位置)	将输入文件中指针移到指定的位置
seekg(位移量,参照位置)	以参照位置为基础移动若干个字节
tellp()	返回输出文件指针当前的位置
seekp(位置)	将输出文件中指针移到指定的位置
seekp(位移量,参照位置)	以参照位置为基础移动若干个字节

函数名的最后一个字母不是 g 就是 p,其中 g 用于输入文件的函数(g 是 get 的第一个字母),带 p 的是用于输出文件的函数(p 是 put 的第一个字母),如果是既可输入又可输出的文件,则任意用 tellg()与 tellp(),seekg()与 seekp()都是等价的。

函数参数中的"位置"和"位移量"都是长型整数,以字节为单位。"参照位置"可以是下面三者之一:

```
ios::beg        //文件开头,这是默认值
ios::cur        //当前的位置
ios::end        //文件末尾
```

它们都是在类 ios 中定义的枚举值,例如:

```
inFile.seekg(80);               //将输入文件中的指针移到第 80 字节位置
inFile.seekg(60, ios::cur);     //将输入文件中的指针从当前位置前移 60 字节
outFile.seekp(-60, ios::end);   //将输出文件中的指针从文件尾后移 60 字节
```

对于二进制数据文件,可以利用上面的文件流类的成员函数移动指针,随机地访问文件中任一位置上的数据,下面通示示例加以说明。

例 7.13　有 3 个学生的数据,要求:

(1) 把它们存到磁盘文件中;

(2) 将第 2 个学生的成绩改为 100 分后存回磁盘文件中的原有位置;

(3) 从磁盘文件读出 3 个学生的数据并在屏幕加以显示。

```
//文件路径名:e7_12\main.cpp
# include <iostream>              //编译预处理命令
# include <fstream>               //编译预处理命令
using namespace std;              //使用命名空间 std

struct Student                    //学生结构
{
    int num;                      //学号
    char name[16];                //姓名
```

```
    float score;                                    //成绩
};

int main(void)                                      //主函数 main()
{
    Student stu[3]={{2009101, "李靖", 98}, {2009102, "刘敏", 89}, {2009103, "王强", 99}};
                                                    //定义数组
    fstream f("stu.dat", ios::out | ios::binary);
                                //定义文件对象,这样如果文件不存储将建立一个空文件
    f.close();                                      //关闭文件
    f.open("stu.dat", ios::in | ios::out | ios::binary);    //再以输入输出方式打开文件
    if (f.fail())
    {                                               //打开文件失败
        cout<<"打开文件失败!"<<endl;
        exit(1);                                    //退出程序
    }

    f.write((char*)&stu[0], sizeof(stu));           //写数据到文件中

    Student s;                                      //用于存储第2个学生信息
    f.seekp((2-1)*sizeof(Student), ios::beg);       //定位于第2个学生数据的起始位置
    f.read((char*)&s, sizeof(Student));             //读出第2个学生的信息
    s.score=100;                                    //修改第2个学生的信息
    f.seekp((2-1)*sizeof(Student), ios::beg);       //定位于第2个学生数据的起始位置
    f.write((char*)&s, sizeof(Student));            //写入第2个学生的信息

    f.seekg(0);                                     //重新定位于文件开始处
    f.read((char*)&s, sizeof(Student));             //读出学生的信息
    while (!f.eof())
    {                                               //文件未结束
        cout<<s.num<<" "<<s.name<<" "<<s.score<<endl;    //显示学生信息
        f.read((char*)&s, sizeof(Student));         //读出学生的信息
    }
    f.close();                                      //关闭文件

    system("PAUSE");                //调用库函数 system(),输出系统提示并返回操作系统
    return 0;                                       //返回值 0, 返回操作系统
}
```

程序运行时屏幕输出如下:

```
2009101 李靖 98
2009102 刘敏 100
2009103 王强 99
请按任意键继续...
```

本例程序中,如果直接采用输入输出方式 ios::in|ios::out 打开文件,则可能因为要打

开的磁盘文件不存在而失败,所以先以输出方式 ios::out 打开文件,这时如果文件不存在,将创建一个新文件,再关闭此文件,然后再以输入输出方式 ios::in|ios::out 打开一个已存在的文件,这样就避免了打开失败的问题。

**7.5 实例研究:简单工资管理系统

设计一个利用文件处理方式实现简单工资管理系统,具有增加数据、更新数据、查询数据、删除数据以及重组文件的功能,删除数据只在记录中作删除标志,重组文件指在物理上删除作有删除标志的记录。

简单工资管理系统要求实现的基本功能包括增加数据、更新数据、查询数据、删除数据以及重组文件,这些功能都由函数来实现。通过菜单选择调用函数来实现相应的功能,这样条理清晰,整体效果好,便于程序的调试。

定义员工结构,包含员工编号、员工姓名、基本工资、奖金、扣款和实发工资 6 个数据项,为表示是否被删除,增加删除标志数据项,具体声明如下:

```
struct Employee
{                                   //员工结构
    bool delTag;                    //删除标志, true:删除    false:未删除
    char num[9];                    //员工编号
    char name[11];                  //员工姓名
    float basicSalary;              //基本工资
    float prize;                    //奖金
    float chargeback;               //扣款
    float realSalary;               //实发工资
};
```

设计工资管理类,声明如下:

```
//工资类的声明
class Salary
{
private:
//数据成员
    fstream file;                   //职工信息文件

//辅助函数
    void AddData();                 //增加数据
    void UpdateData();              //更新数据
    void SearchData();              //查询数据
    void DeleteData();              //删除数据, 只作删除标志
    void Pack();                    //在物理上删除作有删除标记的记录

public:
//构造函数, 析构函数与方法
```

```
    Salary();                                     //无参构造函数
    virtual ~ Salary(){ file.close(); }           //析构函数
    void Run();                                    //处理工资
};
```

在构造函数中,应以读写二进制方式打开数据文件,具体语句为:

```
file.open("salary.dat", ios::in|ios::out|ios::binary);     //以读写方式打开文件
```

当不存在文件 salary. dat 时,本应自动建立一个空文件,但实际运行时,有的 C++ 编译器不会建立新文件,这应是 C++ 的一个 Bug,为此首先判断是否存在文件 salary. dat,当不存在时,先创建一个空文件,这样实现代码更长,但程序更健壮,具体实现如下:

```
Salary::Salary()                                  //无参构造函数
{
    ifstream iFile("salary.dat");                 //建立输入文件
    if (iFile.fail())
    {                                             //打开文件失败,表示不存在文件
        ofstream oFile("salary.dat");             //建立输出文件
        if (oFile.fail()) throw("打开文件失败!");    //抛出异常
        oFile.close();                            //关闭文件
    }
    else
    {                                             //存在文件
        iFile.close();                            //关闭文件
    }

    file.open("salary.dat", ios::in|ios::out|ios::binary);     //以读写方式打开文件
}
```

设计函数 void DeleteData()删除文件中的作废信息,在该函数中,数据的删除只是做删除标记,数据信息仍然存放在文件中,而不是彻底删除,具体实现如下:

```
void Salary::DeleteData()                         //删除数据, 只作删除标志
{
    Employee e;                                    //员工对象
    char n[9];                                     //员工编号
    cout<<"输入要删除员工的编号:";
    cin>>n;                                        //输入编号
    file.seekg(0);                                 //定位
    file.read((char * )&e, sizeof(Employee));      //读记录
    while (!file.eof())
    {                                             //文件末结束
        if (strcmp(e.num, n)==0                   //编号相同
            &&!e.delTag                            //记录正常, 未作删除标志
            ) break;                               //查询成功
        file.read((char * )&e, sizeof(Employee));  //读记录
```

```
    }
    if (!file.eof())
    {                                                    //查询成功
        cout<<"被删除记录为:"<<endl;
        cout<<setw(10)<<"员工编号"<<setw(12)<<"员工姓名"<<setw(11)<<"基本工资"
            <<setw(11)<<"奖金"<<setw(9)<<"扣款"<<setw(11)<<"实发工资"<<endl;
        cout<<setw(10)<<e.num<<setw(12)<<e.name<<setw(11)<<e.basicSalary<<setw(11)
            <<e.prize<<setw(11)<<e.chargeback<<setw(11)<<e.realSalary<<endl;
                                                         //输出记录
        e.delTag=true;                                   //删除标志
        file.seekg(-sizeof(Employee), ios::cur);         //定位
        file.write((char*)&e, sizeof(Employee));         //写入记录
        cout<<"删除成功!"<<endl;
    }
    else
    {                                                    //查询失败
        cout<<"删除失败!"<<endl;
        file.clear();                                    //清除文件结束标志
    }
}
```

函数 Pack()在物理上删除作有删除标记的记录,这样更节约存储空间,具体实现如下:

```
void Salary::Pack()                                      //在物理上删除作有删除标记的记录
{
    ofstream outFile("tem.dat", ios::app|ios::binary);   //建立输出文件对象
    Employee e;                                          //员工对象
    file.seekg(0);                                       //定位
    file.read((char*)&e, sizeof(Employee));              //读记录
    while (!file.eof())
    {                                                    //文件末结束
        if (!e.delTag)
        {                                                //记录正常, 未作删除标志
            outFile.write((char*)&e, sizeof(Employee));  //写记录
        }
        file.read((char*)&e, sizeof(Employee));          //继续读记录
    }
    file.close();                                        //关闭文件
    outFile.close();                                     //关闭文件
    remove("salary.dat");                                //删除文件
    rename("tem.dat", "salary.dat");                     //更改文件名
    file.open("salary.dat", ios::in|ios::out|ios::binary); //重新打开文件
}
```

方法 Run()以菜单方式实现增加数据、更新数据、查询数据、删除数据以及重组文件的
功能,具体实现如下:

```cpp
void Salary::Run()                          //处理工资
{
    int select;                             //选择菜单号

    do
    {
        cout<<"请选择:"<<endl;
        cout<<"1.增加数据"<<endl;
        cout<<"2.更新数据"<<endl;
        cout<<"3.查询数据"<<endl;
        cout<<"4.删除数据"<<endl;
        cout<<"5.重组文件"<<endl;
        cout<<"6.退出"<<endl;
        cin>>select;                        //输入选择
        while (cin.get()!='\n');            //跳过当前行后面的字符

        switch (select)
        {
        case 1:
            AddData();                      //增加数据
            break;
        case 2:
            UpdateData();                   //更新数据
            break;
        case 3:
            SearchData();                   //查询数据
            break;
        case 4:
            DeleteData();                   //删除数据
            break;
        case 5:
            Pack();                         //在物理上删除作有删除标记的记录
            break;
        }
    }
    while (select!=6);                      //选择 6 将退出
}
```

下面是上机操作步骤:

（1）建立工程 salary。

（2）建立头文件 salary.h,定义员工结构,声明及实现工资管理类。具体内容如下:

```cpp
//文件名路径名: salary\salary.h
#ifndef __SALARY_H__                        //如果没有定义__SALARY_H__
#define __SALARY_H__                        //那么定义__SALARY_H__
```

```
struct Employee
{                                               //员工结构
    bool delTag;                                //删除标志,true:删除 false:未删除
    char num[9];                                //员工编号
    char name[11];                              //员工姓名
    float basicSalary;                          //基本工资
    float prize;                                //奖金
    float chargeback;                           //扣款
    float realSalary;                           //实发工资
};

//工资类的声明
class Salary
{
private:
//数据成员
    fstream file;                               //职工信息文件

//辅助函数
    void AddData();                             //增加数据
    void UpdateData();                          //更新数据
    void SearchData();                          //查询数据
    void DeleteData();                          //删除数据,只作删除标志
    void Pack();                                //在物理上删除作有删除标记的记录

public:
//构造函数,析构函数与方法
    Salary();                                   //无参构造函数
    virtual~Salary(){ file.close(); }           //析造函数
    void Run();                                 //处理工资
};

//电话号码簿类的实现
Salary::Salary()                                //无参构造函数
{
    ifstream iFile("salary.dat");               //建立输入文件
    if (iFile.fail())
    {                                           //打开文件失败,表示不存在文件
        ofstream oFile("salary.dat");           //建立输出文件
        if (oFile.fail()) throw("打开文件失败!");  //抛出异常
        oFile.close();                          //关闭文件
    }
    else
    {                                           //存在文件
        iFile.close();                          //关闭文件
```

```
    }

    file.open("salary.dat", ios::in|ios::out|ios::binary);    //以读写方式打开文件
}

void Salary::AddData()                                  //增加数据
{

    char tag;                                           //设置标志表示是否继续添加数据
    Employee e;                                         //员工对象
    e.delTag=false;                                     //正常,未作删除标志

    do
    {
        cout<<"输入编号:";
        cin>>e.num;                                     //输入编号
        cout<<"输入姓名:";
        cin>>e.name;                                    //输入姓名
        cout<<"输入基本工资:";
        cin>>e.basicSalary;                             //输入基本工资
        cout<<"输入奖金:";
        cin>>e.prize;                                   //输入奖金
        cout<<"输入扣款:";
        cin>>e.chargeback;                              //输入扣款
        e.realSalary=e.basicSalary+e.prize-e.chargeback; //计算实发工资
        cout<<"实发工资:"<<e.realSalary<<endl;          //输出实发工资
        file.seekg(0, ios::end);                        //定位
        file.write((char*)&e, sizeof(Employee));        //写入文件
        cout<<"继续添加吗(y/n):";
        cin>>tag;                                        //输入选择
        tag=tolower(tag);                               //大写字母转化为小写字母
        while (tag!='y' && tag!='n')
        {                                               //非法输入时重新输入
            cout<<"输入非法,重新输入(y/n):";
            cin>>tag;                                    //输入选择
            tag=tolower(tag);                           //大写字母转化为小写字母
        }
    } while (tag=='y');                                 //肯定回答时循环
}

void Salary::UpdateData()                               //更新数据
{
    Employee e;                                         //员工对象
    char n[9];                                          //员工编号
    cout<<"输入要更新员工的编号:";
```

```cpp
    cin>>n;                                              //输入编号
    file.seekg(0);                                       //定位
    file.read((char*)&e, sizeof(Employee));              //读记录
    while (!file.eof())
    {                                                    //文件未结束
        if (strcmp(e.num, n)==0                          //编号相同
            &&!e.delTag                                  //记录正常，未作删除标志
            ) break;                                      //查询成功
        file.read((char*)&e, sizeof(Employee));          //读记录
    }
    if (!file.eof())
    {                                                    //查询成功
        cout<<setw(10)<<"员工编号"<<setw(12)<<"员工姓名"<<setw(11)<<"基本工资"
            <<setw(11)<<"奖金"<<setw(9)<<"扣款"<<setw(11)<<"实发工资"<<endl;
        cout<<setw(10)<<e.num<<setw(12)<<e.name<<setw(11)<<e.basicSalary<<setw(11)
            <<e.prize<<setw(1)<<e.chargeback<<setw(11)<<e.realSalary<<endl;
                                                         //输出记录
        cout<<"输入更新后数据:"<<endl;
        cout<<"输入编号:";
        cin>>e.num;                                      //输入编号
        cout<<"输入姓名:";
        cin>>e.name;                                     //输入姓名
        cout<<"输入基本工资:";
        cin>>e.basicSalary;                              //输入基本工资
        cout<<"输入奖金:";
        cin>>e.prize;                                    //输入奖金
        cout<<"输入扣款:";
        cin>>e.chargeback;                               //输入扣款
        e.realSalary=e.basicSalary+e.prize-e.chargeback; //计算实发工资
        cout<<"实发工资:"<<e.realSalary<<endl;           //输出实发工资
        file.seekg(-sizeof(Employee), ios::cur);         //定位
        file.write((char*)&e, sizeof(Employee));         //写入记录
    }
    else
    {                                                    //查询失败
        cout<<"无此序号的记录!"<<endl;
        file.clear();                                    //清除文件结束标志
    }
}

void Salary::SearchData()                                //查询数据
{
    Employee e;                                          //员工对象
    char n[9];                                           //员工编号
    cout<<"输入要查询员工的编号:";
```

```cpp
    cin>>n;                                              //输入编号
    file.seekg(0);                                       //定位
    file.read((char*)&e, sizeof(Employee));              //读记录
    while (!file.eof())
    {                                                    //文件末结束
        if (strcmp(e.num, n)==0                          //编号相同
            &&!e.delTag                                  //记录正常，未作删除标志
            ) break;                                      //查询成功
        file.read((char*)&e, sizeof(Employee));          //读记录
    }
    if (!file.eof())
    {                                                    //查询成功
        cout<<setw(10)<<"员工编号"<<setw(12)<<"员工姓名"<<setw(11)<<"基本工资"
            <<setw(11)<<"奖金"<<setw(11)<<"扣款"<<setw(11)<<"实发工资"<<endl;
        cout<<setw(10)<<e.num<<setw(12)<<e.name<<setw(11)<<e.basicSalary<<setw(11)
            <<e.prize<<setw(11)<<e.chargeback<<setw(11)<<e.realSalary<<endl;
                                                         //输出记录
    }
    else
    {                                                    //查询失败
        cout<<"无此序号的记录!"<<endl;
        file.clear();                                    //清除文件结束标志
    }
}


void Salary::DeleteData()                                //删除数据，只作删除标志
{
    Employee e;                                          //员工对象
    char n[9];                                           //员工编号
    cout<<"输入要删除员工的编号:";
    cin>>n;                                              //输入编号
    file.seekg(0);                                       //定位
    file.read((char*)&e, sizeof(Employee));              //读记录
    while (!file.eof())
    {                                                    //文件末结束
        if (strcmp(e.num, n)==0                          //编号相同
            &&!e.delTag                                  //记录正常，未作删除标志
            ) break;                                      //查询成功
        file.read((char*)&e, sizeof(Employee));          //读记录
    }
    if (!file.eof())
    {                                                    //查询成功
        cout<<"被删除记录为:"<<endl;
        cout<<setw(10)<<"员工编号"<<setw(12)<<"员工姓名"<<setw(11)<<"基本工资"
            <<setw(11)<<"奖金"<<setw(9)<<"扣款"<<setw(11)<<"实发工资"<<endl;
```

```cpp
        cout<<setw(10)<<e.num<<setw(12)<<e.name<<setw(11)<<e.basicSalary<<setw(11)
            <<e.prize<<setw(11)<<e.chargeback<<setw(11)<<e.realSalary<<endl;
                                                            //输出记录
        e.delTag=true;                                      //删除标志
        file.seekg(-sizeof(Employee), ios::cur);            //定位
        file.write((char*)&e, sizeof(Employee));            //写入记录
        cout<<"删除成功!"<<endl;
    }
    else
    {                                                       //查询失败
        cout<<"删除失败!"<<endl;
        file.clear();                                       //清除文件结束标志
    }
}


void Salary::Pack()                                         //在物理上删除作有删除标记的记录
{
    ofstream outFile("tem.dat", ios::app | ios::binary);    //建立输出文件对象
    Employee e;                                             //员工对象
    file.seekg(0);                                          //定位
    file.read((char*)&e, sizeof(Employee));                //读记录
    while (!file.eof())
    {                                                       //文件末结束
        if (!e.delTag)
        {                                                   //记录正常, 未作删除标志
            outFile.write((char*)&e, sizeof(Employee));     //写记录
        }
        file.read((char*)&e, sizeof(Employee));            //继续读记录
    }
    file.close();                                           //关闭文件
    outFile.close();                                        //关闭文件
    remove("salary.dat");                                   //删除文件
    rename("tem.dat", "salary.dat");                        //更改文件名
    file.open("salary.dat", ios::in|ios::out|ios::binary);  //重新打开文件
}


void Salary::Run()                                          //处理工资
{
    int select;                                             //选择菜单号

    do
    {
        cout<<"请选择:"<<endl;
        cout<<"1.增加数据"<<endl;
        cout<<"2.更新数据"<<endl;
```

```
        cout<<"3.查询数据"<<endl;
        cout<<"4.删除数据"<<endl;
        cout<<"5.重组文件"<<endl;
        cout<<"6.退出"<<endl;
        cin>>select;                            //输入选择
        while (cin.get()!='\n');                //跳过当前行后面的字符

        switch (select)
        {
        case 1:
            AddData();                          //增加数据
            break;
        case 2:
            UpdateData();                       //更新数据
            break;
        case 3:
            SearchData();                       //查询数据
            break;
        case 4:
            DeleteData();                       //删除数据
            break;
        case 5:
            Pack();                             //在物理上删除作有删除标记的记录
            break;
        }
    }
    while (select!=6);                          //选择 6 将退出
}


#endif
```

（3）建立源程序文件 main.cpp，实现 main()函数，具体代码如下：

```
//文件路径名：salary\main.cpp
#include <iostream>                            //编译预处理命令
#include <fstream>                             //编译预处理命令
#include <iomanip>                             //包含输出流控制符的定义
using namespace std;                           //使用命名空间 std
#include "salary.h"                            //电话号码簿

int main()                                     //主函数 main()
{
    Salary sal;                                //工资对象
    sal.Run();                                 //处理工资

    system("PAUSE");                           //调用库函数 system()，输出系统提示并返回操作系统
```

```
    return 0;                          //返回值 0,返回操作系统
}
```

程序运行时屏幕输出参考如下:

请选择:

1.增加数据

2.更新数据

3.查询数据

4.删除数据

5.重组文件

6.退出

1

输入编号:108

输入姓名:吴敏

输入基本工资:1200

输入奖金:800

输入扣款:200

实发工资:1800

继续添加吗(y/n):y

输入编号:109

输入姓名:李明

输入基本工资:1800

输入奖金:1000

输入扣款:280

实发工资:2520

继续添加吗(y/n):n

请选择:

1.增加数据

2.更新数据

3.查询数据

4.删除数据

5.重组文件

6.退出

……

7.6　程序陷阱

1. 设置输出流的输出精度

用输出流控制符 setprecision(n)或输出流类成员函数 precision(n)设置精度时,在以一般十进制小数形式输出时,n 代表有效数字。在以定点格式和科学记数法格式输出时,n 代表小数位数,对后面的每个输出项都起作用,特别要注意当已设置为定点格式或科学记数法格式输出时,如果改变另一种输出状态,一定要先终止已设置的输出格式状态,然后再设成另一种输出状态,否则达不到要求的结果,例如:

```
//文件路径名:trap7_1_1\main.cpp
#include <iostream>                          //编译预处理命令
#include <iomanip>                           //包含输出流控制符的定义
using namespace std;                         //使用命名空间 std

int main()                                   //主函数 main()
{
    cout<<setiosflags(ios::scientific)       //设置浮点数以科学记数法格式输出
        <<setprecision(8)                    //设置在以科学记数法格式输出时,输出 8 位小数位数
        <<7.0/3<<endl;                       //输出内容

    cout<<setiosflags(ios::fixed)            //设置浮点数以定点格式(小数形式)输出
        <<setprecision(8)                    //设置在以定点格式输出时,输出 8 位小数位数,可省略
        <<7.0/3<<endl                        //输出内容
        <<resetiosflags(ios::fixed);         //终止浮点数以定点格式(小数形式)输出

    system("PAUSE");                         //调用库函数 system(),输出系统提示并返回操作系统
    return 0;                                //返回值 0, 返回操作系统
}
```

程序运行时屏幕输出如下:

2.33333333e+000
2.3333333
请按任意键继续...

上面运行结果可以看出,在设置浮点数以定点格式(小数形式)输出后,setprecision(8)并没有将输出结果设置为输出 8 位小数,而是输出 8 位有效数字,这是因为并有终止以前已设置的科学记数法输出状态,这样就会出现既要求以科学记数法方法输出,又要求以定点格式(小数形式)输出,是矛盾的,最后只能以一般十进制小数形式输出,此时 setprecision(8)代表8 有效数字,要达到输出 8 位小数,应在设置成浮点数以定点格式(小数形式)输出状态前,先终止科学记数法格式输出,具体修改如下:

```
//文件路径名:trap7_1_2\main.cpp
#include <iostream>                          //编译预处理命令
#include <iomanip>                           //包含输出流控制符的定义
using namespace std;                         //使用命名空间 std

int main()                                   //主函数 main()
{
    cout<<setiosflags(ios::scientific)       //设置浮点数以科学记数法格式输出
        <<setprecision(8)                    //设置在以科学记数法格式输出时,输出 8 位小数位数
        <<7.0/3<<endl;                       //输出内容
        <<resetiosflags(ios::scientific);    //终止浮点数以科学记数法格式输出

    cout<<setiosflags(ios::fixed)            //设置浮点数以定点格式(小数形式)输出
```

```
        <<setprecision(8)        //设置在以定点格式输出时,输出 8 位小数位数,可省略
        <<7.0/3<<endl            //输出内容
        <<resetiosflags(ios::fixed);//终止浮点数以定点格式(小数形式)输出

    system("PAUSE");            //调用库函数 system(),输出系统提示并返回操作系统
    return 0;                   //返回值 0,返回操作系统
}
```

程序运行时屏幕输出如下:

2.33333333e+000

2.33333333

请按任意键继续...

2. 文件操作方式

在 C++ 中,文件操作方式是在类 ios 中定义的枚举值,因此在写文件操作方式时,一定要在前面加"ios::"加以限制,否则将会出现编译时错误。例如:

```
ios::in            //正确,以输入输出方式打开一个文本文件
in                 //错误,原因是没有加上"ios::"
```

7.7 习　　题

一、选择题

1. 对于语句"cout<<endl<<<x;"中的各个组成部分,下列叙述中错误的是_____。

   A)"cout"是一个输出流对象　　　　　B)"endl"的作用是输出回车换行

   C)"x"是一个变量　　　　　　　　　　D)"<<"称为输入运算符

2. 有以下程序:

```
//文件路径名:ex7_1_2\main.cpp
# include <iostream>            //编译预处理命令
using namespace std;           //使用命名空间 std

int main()                     //主函数 main()
{
    cout.fill('*');            //设置填充字符
    cout.width(6);             //设置宽度
    cout.fill('#');            //设置填充字符
    cout<<123<<endl;           //输出信息

    return 0;                  //返回值 0,返回操作系统
}
```

   执行后,输出结果是_____。

   A) ＃＃＃123　　　　B) 123＃＃＃　　　　C) ＊＊＊123　　　　D) 123＊＊＊

3. 下面关于 C++ 流的说明中,正确的是_____。

A) 与键盘、屏幕、打印机和通信端口的交互都可以通过流类来实现

B) 从流中获取数据的操作称为输出操作,向流中添加数据的操作称为输入操作

C) cin 是一个预定义的输入流类

D) 输出流有一个名为 open()的函数,其作用是生成一个新的流对象

4. 有以下程序:

```
//文件路径名:ex7_1_4\main.cpp
# include <iostream>                //编译预处理命令
# include <iomanip>                 //包含输出流控制符的定义
using namespace std;                //使用命名空间 std

int main()                          //主函数 main()
{
    cout.fill('*');                 //设置填充字符
    cout<<setiosflags(ios::left)<<setw(4)<<123<<"OK"<<endl;      //输出信息

    return 0;                       //返回值 0,返回操作系统
}
```

执行这个程序,输出结果是_____。

A) 123 * OK   B) 123 * OK**   C) * 1230K   D) * 123**OK

5. 下列关于输入流类成员函数 getline()的描述中,错误的是_____。

A) 该函数是用来读取键盘输入的字符串

B) 该函数读取的字符串长度不受任何限制

C) 该函数读取字符串时,遇到结束符便停止

D) 该函数读取字符串时,可以包含空格

6. 有以下程序:

```
//文件路径名:ex7_1_6\main.cpp
# include <iostream>                //编译预处理命令
# include <iomanip>                 //包含输出流控制符的定义
using namespace std;                //使用命名空间 std

int main()                          //主函数 main()
{
    cout<<setiosflags(ios::fixed)<<setprecision(3)<<setfill('*')<<setw(8);
                                    //设置输出格式
    cout<<12.345<<_____<<34.567<<endl;   //输出信息

    return 0;                       //返回值 0,返回操作系统
}
```

若程序的输出如下:

```
**12.345**34.567
```

则程序中横线处遗漏的部分是_____。

  A) setprecision(3)   B) setiosflags(ios::fixed)

  C) setfill(',')   D) setw(8)

7. 语句 ofstream f ("test.txt", ios::out) 的功能是建立与流对象 f 的关联,而且_____。

  A) 若文件存在,将其置为空文件;若文件不存在,打开失败

  B) 若文件存在,将文件指针定位于文件尾;若文件不存在,建立一个新文件

  C) 若文件存在,将清空文件;若文件不存在,建立一个新文件

  D) 若文件存在,打开失败,若文件不存在,建立一个新文件

8. 使用输入输出操作符 setw(),可以控制_____。

  A) 输出精度   B) 输出宽度   C) 对齐方式   D) 填充字符

9. 在语句"cin≫data;"中,cin 是_____。

  A) C++ 的关键字 B) 类名   C) 对象名   D) 函数名

二、填空题

1. 下面程序的执行结果是_____。

```
//文件路径名:ex7_2_1\main.cpp
# include <iostream>                //编译预处理命令
# include <iomanip>                 //包含输出流控制符的定义
using namespace std;               //使用命名空间 std

int main()                         //主函数 main()
{
    cout<<setfill('x')<<setw(10);  //设置输出格式
    cout<< "Hello"<<endl;          //输出信息

    return 0;                      //返回值 0,返回操作系统
}
```

2. 在 C++ 流类库中,根基类为_____。

3. 在下面程序的横线处填上适当的内容,使程序执行后,从键盘输入一个字符串,能将结果保存到文件 out.txt 中。

```
//文件路径名:ex7_2_3\main.cpp
# include <iostream>                        //编译预处理命令
# include <fstream>                         //编译预处理命令
using namespace std;                        //使用命名空间 std

void WriteFile(char * str)
{
    ofstream outFile;                       //文件对象
    _____("out.txt", ios::binary | ios::app);  //打开文件
    for (int i=0; str[i]!='\0'; i++)
        outFile.put(str[i]);                //向文件写入字符
```

```
    outFile.close();                  //关闭文件
}

void ClearFile()
{
    ofstream outFile("out.txt");       //文件对象
    outFile.close();                   //关闭文件
}

int main()                             //主函数 main()
{
    char str[1024];                    //字符串
    ClearFile();                       //清除文件
    cout<<"请输入串:"<<endl;            //提示信息
    cin.getline(str, 1024);            //输入字符串
    WriteFile(str);                    //写文件

    return 0;                          //返回值 0, 返回操作系统
}
```

三、编程题

1. 编写程序用于统计一个文本文件中包含的某个字符出现的次数。

2. 编写程序分别计算 6!～10!，使用 setw()控制输出的宽度。

3. 编写程序实现以下功能:

（1）从键盘上输入一系列学生成绩信息（姓名、成绩），并将这些学生成绩信息写入到文件 stud. dat 中。

（2）显示文件 stu. dat 中的学生成绩信息。

**4. 编写程序实现如下功能:

（1）从键盘上输入一系列员工工资信息（姓名、工资），并将这些员工工资信息写入到文件 employee. dat 中。

（2）显示文件 employee. dat 中的员工工资信息和所有员工的平均工资。

第8章　C++ 的其他主题

8.1　类　型　转　换

8.1.1　标准类型之间的转换

在 C++ 中,某些标准类型之间可以进行转换,共有两种转换形式:隐式类型转换和显式类型转换。下面分别加以讨论。

1. 隐式类型转换

隐式类型转换由 C++ 编译器自动完成,用户不需干预,例如:

```
int i=2;   //整型变量
i=6.8+i;   //先将 i 自动转换为 double 型,再与 6.8 相加得 8.8,最后将结果转换为整型得 8
```

编译系统对小数常量 6.8 都作为双精度实型 double 处理,因此在计算表达式"6.8+i"时,先将 i 的值 2 自动转换成双精度实型 2.0,然后再与 6.8 相加,得到和为 8.8,最后在向整型变量 i 赋值时,再将 8.8 自动转换为整数 8,然后赋给 i。

2. 显式类型转换

显式类型转换指程序员在程序中指定将一种类型的数据转换成另一指定的类型,显式类型转换也称为强制类型转换,一般使用格式为:

目标类型名(表达式)

例如:

```
int(6.8);                    //强制将双精度实型 6.8 转换为整型,结果为型数 6
```

C++ 也兼容 C 语言的显式类型转换方式,C 语言的显式类型转换使用格式如下:

(目标类型名)表达式

例如:

```
(int)6.8;                    //强制将双精度实型 6.8 转换为整型,结果为整数 6
```

建议读者使用 C++ 提供的显式类型使用格式。下面通过一个示例进一步说明隐式类型转换和显式类型转换的使用方法。

例 8.1　隐式类型转换和显式类型转换的使用示例。

```
//文件路径名:e8_1\main.cpp
# include<iostream>              //编译预处理命令
# include<iomanip>               //包含输出流控制符的定义
using namespace std;             //使用命名空间 std

int main()                       //主函数 main()
```

```
{
    int i=8.9;
                                //自动将 double 型数 8.9 转换为整数 8,然后再初始化 i 的值为 8

    cout<<setiosflags(ios::fixed)    //设置浮点数以定点格式输出
        <<setprecision(1)            //设置在以定点格式输出时,输出 1 位小数位数
        <<double(i+8)<<endl          //C++格式,显式将 i+8 的值 16 转化为 double 型值 16.0
        <<(double)i<<endl            //C 格式,显式将 i 的值 8 转化为 double 型值 8.0
        <<resetiosflags(ios::fixed); //终止定点格式输出

    system("PAUSE");                 //调用库函数 system(),输出系统提示并返回操作系统
    return 0;                        //返回值 0,返回操作系统
}
```

程序运行时屏幕输出如下:

```
16.0
8.0
请按任意键继续...
```

本例程序使用了输出流控制符,对于基础较差的读者可复习 7.2 节,对于将 i+8 转换为实型,当采用 C++ 使用格式时,转换方式为"double(i+8)",当采用 C 使用格式时,转换方式为"(double)(i+8)",显然采用 C++ 使用格式更自然。

8.1.2　类类型的转换

指定的类的对象可以与其他类型的数据(或对象)进行转换,采用两种类的成员函数进行转换:转换构造函数和类类型转换函数。下面分别加以讨论。

1. 转换构造函数

转换构造函数就是单参数(特指没有其他参数,或其他参数都有默认值)的构造函数,这种构造函数能将参数类型转换为类类型,也就是将一个其他类型的数据(或对象)转换成一个指定的类的对象。下面通过示例加以说明:

例 8.2　使用转换构造函数进行类型转换。

```
//文件路径名:e8_2\main.cpp
# include<iostream>                 //编译预处理命令
using namespace std;                //使用命名空间 std

//声明整型类
class Integer
{
private:
//数据成员
    int num;                        //数据值

public:
```

```
//公有函数
    Integer(int n=0):num(n){ }                    //转换构造函数
    void Show() const { cout<<num<<endl; }   //输出数值
};

int main()                                        //主函数 main()
{
    Integer i=8;           //调用转换构造函数将 8 转换为无名对象,再用此对象初始化 i
    i.Show();              //输出数值

    i=Integer(16);         //与"i=16;"等价,调用转换构造函数将 16 转换为无名对象,再赋值给 i
    i.Show();              //输出数值

    system("PAUSE");       //调用库函数 system(),输出系统提示并返回操作系统
    return 0;              //返回值 0,返回操作系统
}
```

程序运行时屏幕输出如下:

```
8
16
请按任意键继续…
```

本例程序中,Integer(16)实际上就是调用转换构造函数将 16 转换为无名对象,也可看成进行 C++的显式类型转换将 16 转换为无名对象,也就是说在类中定义转换构造函数后,对于类类型也可进行显式类型转换。

*2. 类类型转换函数

类类型转换函数用于将类的对象转换为指定类型的数据(或对象)。类类型转换函数的声明格式如下:

```
operator 目的类型() const;
```

其中的目的类型就是要转换成的类型。

例 8.3 类型转换函数示例。

```
//文件路径名:e8_3\main.cpp
#include<iostream>                         //编译预处理命令
using namespace std;                       //使用命名空间 std

//声明整型类
class Integer
{
private:
//数据成员
    int num;                               //数据值

public:
```

```
//公有函数
    Integer(int n=0): num(n){ }          //转换构造函数
    operator int() const { return num; } //类类型转换函数
};

int main()                               //主函数 main()
{
    Integer i=8;                         //调用转换构造函数 Integer(8)来初始化对象 i
    cout<<i<<endl;                       //等价于 cout<<i.operator int()<<endl,调用类类型
                                         //转换函数 operator int()将 i 转换为 int 类型后再输出

    system("PAUSE");                     //调用库函数 system(),输出系统提示并返回操作系统
    return 0;                            //返回值 0,返回操作系统
}
```

程序运行时屏幕输出如下:

```
8
请按任意键继续...
```

本例程序中利用类类型转换函数自动将对象 i 转换为 int 类型,实际上就是隐式类型转换。所以对于类类型,可使用转换构造函数和类类型转换函数实现显式类型转换或隐式类型转换。

8.2　内　置　函　数

在函数调用时,会有一定的时间开销和空间开销,这是由于函数调用之前要保存当前状态,在函数调用结束后要恢复调用前的状态。如果一个函数被频繁地调用,则造成的时间开销和空间开销也就会变得更加突出。

在 C 语言中,一般将较小的独立功能编制成带参数的宏,以避免被频繁调用时带来的时间和空间开销。例如:

```
#define MAX(x, y) (x<y? y : x)                //求 x,y 的最大值
```

上面将求两个数的最大值定义为一个带参数的宏,这样程序在被预编译时,程序中每一个出现宏 MAX 调用的地方都会自动进行宏替换。下面是示例程序。

例 8.4　带参宏使用示例。

```
//文件路径名:e8_4\main.cpp
#include<iostream>                        //编译预处理命令
using namespace std;                      //使用命名空间 std

#define MAX(x, y) (x<y? y : x)            //求 x,y 的最大值

int main()                                //主函数 main()
{
```

```
    cout<<MAX(6,8)<<endl;                //输出 6 和 8 的最大值

    system("PAUSE");                      //调用库函数 system(),输出系统提示并返回操作系统
    return 0;                             //返回值 0,返回操作系统
}
```

程序运行时屏幕输出如下:

8
请按任意键继续...

本例程序在预编译时,语句:

```
cout<<MAX(6,8)<<endl;
```

将被替换为:

```
cout<<(6<8?8 : 6)<<endl;
```

这样避免了函数调时的时间开销与空间开销,但学过 C 语言的读者都知道宏具有副作用,因此在 C++ 中,引入了内置函数来解决这个问题,当编译器编译程序时,在出现内置函数调用的地方,会自动用实参初始化形参后的函数体来代替。由于此过程是发生在程序编译而不是在程序执行阶段,所以就不存在保护现场和恢复现场的问题。但内置函数这种做法会相应地增加目标程序的代码量。所以在程序设计时,一般要求内置函数功能单一,并且函数体代码较少,有的书上将内置函数称为内联函数。

内置函数定义的一般格式如下:

```
inline 返回值类型 函数名(形参表)
{
    ...         //函数体
}
```

下面通过示例来加以说明内置函数的使用。

例 8.5 内置函数使用示例。

```
//文件路径名:e8_5\main.cpp
#include<iostream>                       //编译预处理命令
using namespace std;                     //使用命名空间 std

inline int Max(int x, int y)             //定义内置函数
{
    return x<y?y : x;                    //返回 x、y 的最大值
}

int main()                               //主函数 main()
{
    int m;                               //整型变量

    m=Max(6,8);                          //函数调用
```

```
    cout<<m<<endl;                    //输出 6 和 8 的最大值

    system("PAUSE");                  //调用库函数 system(),输出系统提示并返回操作系统
    return 0;                         //返回值 0,返回操作系统
}
```

程序运行时屏幕输出如下:

8
请按任意键继续...

本例程序中,将 Max() 函数定义为内置函数,因此编译系统在遇到函数调用 Max(6,8)时,将用实参初始化形参,并用 Max() 的函数体的代码代替 Max(6, 8),这样"m＝Max(6, 8);"将被置成如下类似的语句:

```
{
    int x=6, y=8;                     //用实参初始化形参
    m=x<y? y : x;                     //用 m 得到 x、y 的最大值
}
```

内置函数与带参数的宏相似,但并不完全相同。宏定义是在预编译时只作简单的字符置换而不作语法检查,往往会出现意想不到的错误,而内置函数是在编译时进行处理,要进行语法检查,因此不会出带参数的宏的副作用。

类的成员函数也可以定义内置函数,在类体中定义的成员函数的规模一般都很小,但系统调用函数的过程花费的时间开销与空间开销相对比较大。为了减少时间开销,如果在类体中定义的成员函数中不包括循环和条件控制结构,C++ 系统会自动将它们作为内置函数来处理。这是因为循环语句代码量少,但可能因为循环次数多而运行时间长,对于条件语句,在涉及多条件时,如 switch 语句,会使得代码量变多,因此在类体内定义的成员函数,当没有含 inline 关键字时,如果含有循环和条件控制结构,都不当作内置成员函数来处理,否则都当作内置成员函数来处理以便减少调用成员函数的相对时间开销与空间开销。

如果成员函数不在类体内定义,而是在类体外定义,系统并不将其默认为内置函数,如果要将这类成员函数定义内置函数,在定义函数时应加上关键字 inline。

例 8.6 内置成员函数使用示例。

```
//文件路径名:e8_6\main.cpp
#include<iostream>                    //编译预处理命令
using namespace std;                  //使用命名空间 std

class String
{
private:
//数据成员
    char * strValue;                  //串值

public:
```

```
//公有成员
    String(char * s="")                          //构造函数,在类体内定义,默认为内置函数
    {
        strValue=new char[strlen(s)+1];          //分配存储空间
        strcpy(strValue, s);                     //复制串值
    }
    String(const String &copy);                  //复制构造函数
    ~String() { delete []strValue; }             //析构函数,在类体内定义,默认为内置函数
    void Show()                                  //显示串,含循环语句,非内置函数
    {
//      cout<<strValue<<  endl;                  //输出串值,可用如下语句代替
        for (int i=0; i<strlen(strValue); i++)
            cout<<strValue[i];                   //输出串的第 i 个字符
        cout<<endl;                              //换行
    }
};

inline String::String(const String &copy)
//复制构造函数, 在类体外定义, 只有加 inline 才为内置函数
{
    strValue=new char[strlen(copy.strValue)+1];  //分配存储空间
    strcpy(strValue, copy.strValue);             //复制串值
}

int main()                                       //主函数 main()
{
    String s1("Test");                           //调用普通构造函数生成对象 s1
    String s2(s1);                               //调用复制构造函数生成对象 s2

    s1.Show();                                   //显示串 s1
    s2.Show();                                   //显示串 s2

    system("PAUSE");                             //调用库函数 system(),输出系统提示信息
    return 0;                                    //返回值 0, 返回操作系统
}
```

程序运行时屏幕输出如下:

```
Test
Test
请按任意键继续 ...
```

由于当前计算机运行速度快和存储容量都非常大,因此在实际编程时不必过分考虑是否程序速度快或是否占用的存储空间大的问题,也就是说不必过多关心内置函数的问题。

*8.3 异常处理

有些程序虽然可以通过编译也能运行。但是在运行过程中会出现异常,得不到正确的运行结果,甚至可能导致程序非正常终止,这类错误比较隐蔽,不易被发现,是程序调试中的一个难点。C++采取异常处理机制来加以解决,C++异常处理机制由3个部分组成:检查(try)、抛出(throw)和捕捉(catch)。将需要检查的语句放在try块中,当出现异常时,throw发出一个异常信息,形象地称为抛出异常,而catch用于捕捉异常信息,如果捕捉到异常信息后,就在catch块中进行处理。异常处理的基本结构throw、try和catch的一般使用形式如下:

```
throw 表达式;                        //抛出异常

try                                 //检查异常
{
    …                               //检查异常语句块
}
catch(类型1 参数1)                   //捕捉异常
{
    …                               //针对类型1的异常处理语句块
}
catch(类型2 参数2)                   //捕捉异常
{
    …                               //针对类型2的异常处理语句块
}
…
catch(类型n 参数n)                   //捕捉异常
{
    …                               //针对类型n的异常处理语句块
}
```

异常处理的一般执行过程如下:

(1) 程序正常执行到达try块后,接着执行try块内的代码。

(2) 如果在执行try块内的代码或在try块内的代码中调用的任何函数期间没有引起异常,那么跟在try块后的catch块将不执行,程序将从最后一个catch块后面的语句继续执行下去。

(3) 如果在执行try块内的代码期间或在try块内的代码中调用的任何函数中有异常被抛出,编译器从能够处理抛出的异常类型的本层或上层调用函数中寻找一个catch块用以捕获此异常。异常处理机制将按其catch块在try块后出现的顺序查找合适的catch块。

(4) 如果找到了一个匹配的catch块,也就是catch块捕获到此异常了,则形参通过throw语句中抛出的表达式进行初始化。当形参被初始化之后,将开始销毁catch块对应的try块开始和抛出异常语句throw之间所有自动变量(也就是非静态的局部变量),然后再执行catch块中的语句处理异常,最后程序跳转到最后一个catch块后面的语句继续执行。

（5）如果没有找到匹配的 catch 块，则自动终止程序。

下面通过一个简单的示例说明异常处理机制。

例 8.7 给出三角形的三边 a、b、c，求三角形的面积。只有 a＋b＞c，b＋c＞a，c＋a＞b 时才能组成三角形。设置异常处理，当不符合三角形条件时输出警告信息。

```cpp
//文件路径名:e8_7\main.cpp
#include<iostream>                                    //编译预处理命令
#include<cmath>                                       //编译预处理命令
using namespace std;                                  //使用命名空间 std

double Area(double a, double b, double c)             //求三角形的面积
{
    if (a+b<=c||b+c<=a||c+a<=b)
        throw "不符合三角形的条件!";                    //抛出异常
    double p= (a+b+c)/2;                              //三角形周长的一半
    return sqrt(p * (p-a) * (p-b)  * (p-c) );         //返回三角形的面积
}

int main()                                            //主函数 main()
{
    try                                               //检查异常
    {
        double a, b, c;                               //三角形的三边
        cout<<"请输入 a,b,c(小于等于 0 时将退出):";
        cin>>a>>b>>c;                                 //输入 a,b,c
        while (a>0 && b>0 && c>0)
        {                                             //循环求三角形的面积
            cout<<"面积为:"<<Area(a, b, c)<<endl;
            cout<<"请输入 a,b,c(小于等于 0 时将退出):";
            cin>>a>>b>>c;                             //输入 a,b,c
        }
    }
    catch (char * str)                                //捕捉异常
    {                                                 //处理异常
        cout<<"异常信息:"<<str<<endl;                  //输出异常信息
    }
    cout<<"程序结束"<<endl;

    system("PAUSE");                                  //调用库函数 system(),输出系统提示信息
    return 0;                                         //返回值 0, 返回操作系统
}
```

程序运行时屏幕输出参考如下：

请输入 a,b,c(小于等于 0 时将退出):1 1 1
面积为:0.433013

请输入 a,b,c(小于等于 0 时将退出):1 2 1
异常信息:不符合三角形的条件!
程序结束
请按任意键继续...

本例程序在运行时,如果在执行 try 块内的语句中调用函数 Area()时不满足三角形的条件,将用 throw 抛出异常信息"不符合三角形的条件!",这时系统将寻找与之匹配的 catch块。由于程序中 catch 块指定的类型与抛出的类型都是字符指针,二者匹配,也就是 catch捕获了该异常信息,这时就执行 catch 块中的语句,程序将输出:

异常信息:不符合三角形的条件!

然后再执行 catch 块之后的语句。

根据异常处理的一般执行过程,如果找到了一个匹配的 catch 块,形参被初始化之后,将销毁 catch 块对应的 try 块开始和抛出异常语句 throw 之间所有自动变量(也就是非静态的局部变量),当变量的类型为类,也就是变量为对象时,在销毁时将自动调用析构函数,下面通过示例加以说明。

例 8.8 销毁 catch 块对应的 try 块开始和抛出异常语句 throw 之间所有自动变量示例。

```cpp
//文件路径名:e8_8\main.cpp
#include<iostream>                              //编译预处理命令
#include<cmath>                                 //编译预处理命令
using namespace std;                            //使用命名空间 std

//声明实型类
class Double
{
private:
//数据成员
    double num;                                 //数据值

public:
//公有函数
    Double(double n=0): num(n)                  //构造函数
    { cout<<num<<":构造函数"<<endl; }
    ~ Double(){ cout<<num<<":析构函数"<<endl; }  //析构函数
    operator double() const { return num; }     //类型转换函数
    double Sqrt() const
    {
        if (num<0) throw "被开方数不能为负!";      //抛出异常
        return sqrt(num);                       //返回平方根
    }
};

int main()                                      //主函数 main()
```

```
{
    try                                         //检查异常
    {
        Double x1(9), x2(-9);                   //定义对象
        cout<<x1<<"的平方根为"<<x1.Sqrt()<<endl;    //输出 x1 的平方根
        cout<<x2<<"的平方根为"<<x2.Sqrt()<<endl;    //输出 x2 的平方根
    }
    catch (char * str)                          //捕捉异常
    {                                           //处理异常
        cout<<"异常信息:"<<str<<endl;             //输出异常信息
    }

    system("PAUSE");                            //调用库函数 system(),输出系统提示并返回操作系统
    return 0;                                   //返回值 0, 返回操作系统
}
```

程序运行时屏幕输出如下：

9:构造函数
-9:构造函数
9 的平方根为 3
-9:析构函数
9:析构函数
异常信息:被开方数不能为负！
请按任意键继续 ...

在本例运行时,当抛出异常并被 catch 块块捕时,将执行 try 块开始和抛出异常语句 throw 之间创建的所有自动对象(也就是非静态的局部对象)的析构函数,析构执行顺序正好与构造顺序相反。

异常匹配并不要求 throw 语句抛出的表达式类型与 catch 块的参数类型匹配得十分完美。抛出派生类对象类型可以与 catch 块的基类参数类型相匹配。因此异常处理 catch 块的排列顺序应该将基类参数放在派生类参数的后面。下面通过示例加以说明。

例 8.9 关于异常处理中 catch 块的排列顺序应该将基类参数放在派类生参数的后面的示例。

```
//文件路径名:e8_9_1\main.cpp
#include<iostream>                              //编译预处理命令
using namespace std;                            //使用命名空间 std

//声明基类 A
class A
{
private:
//私有成员
    char mess[18];                              //数据成员
```

```
public:
//公有函数
    A(){ strcpy(mess, "基类 A"); }                      //构造函数
    const char * GetMess() const { return mess; }       //返回信息
};


//声明派生类 B
class B: public A
{
private:
//私有成员
    char mess[18];                                      //数据成员


public:
//公有函数
    B(){ strcpy(mess, "派生类 B"); }                    //构造函数
    const char * GetMess() const { return mess; }       //返回信息
};


int main()                                              //主函数 main()
{
    try                                                 //检查异常
    {
        throw B();                                      //抛出派生类 B 类型
    }
    catch (const B &b)                                  //捕捉异常
    {                                                   //处理异常
        cout<<b.GetMess()<<"类型的异常"<<endl;          //输出异常信息
    }
    catch (const A &a)                                  //捕捉异常
    {                                                   //处理异常
        cout<<a.GetMess()<<"类型的异常"<<endl;          //输出异常信息
    }

    system("PAUSE");                                    //调用库函数 system(),输出系统提示并返回操作系统
    return 0;                                           //返回值 0, 返回操作系统
}
```

程序运行时屏幕输出如下:

派生类 B 类型的异常
请按任意键继续…

本例程序中,基类参数的 catch 块放在派生类参数的 catch 块的后面,抛出的异常类型为派生类 B,在匹配 catch 块的参数类型时,首先对派生类 B 参数进行检查,显然匹配成功,显示"派生类 B 类型的异常",如果将程序中两个 catch 块的顺序对调,看看会发生什么情况

呢？修改后的程序如下：

```cpp
//文件路径名:e8_9_2\main.cpp
#include<iostream>                              //编译预处理命令
using namespace std;                            //使用命名空间 std

//声明基类 A
class A
{
private:
//私有成员
    char mess[18];                              //数据成员

public:
//公有函数
    A(){ strcpy(mess, "基类 A"); }              //构造函数
    const char * GetMess() const { return mess; }  //返回信息
};

//声明派生类 B
class B: public A
{
private:
//私有成员
    char mess[18];                              //数据成员

public:
//公有函数
    B(){ strcpy(mess, "派生类 B"); }            //构造函数
    const char * GetMess() const { return mess; }  //返回信息
};

int main()                                      //主函数 main()
{
    try                                         //检查异常
    {
        throw B();                              //抛出派生类 B 类型
    }
    catch (const A &a)                          //捕捉异常
    {                                           //处理异常
        cout<<a.GetMess()<<"类型的异常"<<endl;  //输出异常信息
    }
    catch (const B &b)                          //捕捉异常
    {                                           //处理异常
        cout<<b.GetMess()<<"类型的异常"<<endl;  //输出异常信息
    }
```

```
        system("PAUSE");                    //调用库函数 system(),输出系统提示并返回操作系统
        return 0;                            //返回值 0,返回操作系统
}
```

程序运行时屏幕输出如下:

基类 A 类型的异常
请按任意键继续...

上面程序中,将派生类参数的 catch 块放在基类类参数的 catch 块的后面,程序抛出的异常类型为派生类 B,在匹配 catch 块的参数类型时,首先对基类 A 参数进行检查,抛出派生类对象可以与 catch 块的基类参数类型相匹配,所以匹配成功,显示"基类 A 类型的异常",显然与要求不符。

**8.4　命　令　空　间

在读者学习本书前面各章节示例时,已经多次看到在程序中的如下语句:

```
using namespace std;
```

这就是使用了命名空间 std。本节将对命令空间作详细讨论。

命名空间用于解决名字(用户定义的类型名、变量名和函数名)冲突。命名空间实际是将多个类型名、变量和函数组合成一个组的方法。命名空间需要先定义后使用,定义命名空间的格式如下:

```
namespace 命名空间名
{
    //各种成员(包括类型名、变量名和函数名)的声明或者定义
}
```

在命名空间外使用命名空间成员有三种方法。下面分别加以介绍。

(1)用命名空间名和作用域运算符对命名空间成员进行限定,以便区别不同的命名空间中的成员,具体使用格式为:

```
命名空间名::命名空间成员
```

另外,在一个变量前直接加上作用域运算符":",也就是

```
::变量名
```

用于表示全局变量,下面是使用示例。

例 8.10　采用命名空间名和作用域运算符使用命名空间成员的方法示例。

```
//文件路径名:e8_10\main.cpp
#include<iostream>                    //编译预处理命令
using namespace std;                  //使用命名空间 std
```

```
namespace MyName                          //命名空间 MyName
{
    int x=10;                             //命名空间 MyName 中的变量 x
}

int x=20;                                 //全局变量 x

int main()                                //主函数 main()
{
    int x=30;                             //局部变量

    cout<<"命名空间 MyName 中的变量 x:"<<MyName::x<<endl;
    cout<<"全部变量 x:"<<::x<<endl;
    cout<<"局部变量 x:"<<x<<endl;

    system("PAUSE");                      //调用库函数 system(),输出系统提示并返回操作系统
    return 0;                             //返回值 0,返回操作系统
}
```

程序运行时屏幕输出如下:

命名空间 MyName 中的变量 x:10
全部变量 x:20
局部变量 x:30
请按任意键继续…

(2) 使用关键字 using 简化命名空间某个成员名的使用,具体声明方式如下:

using 命名空间名::命名空间成员名;

例如:

using MyName::x;

表示 using 语句所在作用域中使用 MyName 中的成员 x 时,可以不用命名空间名与作用域运算符加以限制,也就是不必加"MyName::"。下面是使用示例。

例 8.11 用 using 声明命名空间成员使用示例。

```
//文件路径名:e8_11\main.cpp
#include<iostream>                        //编译预处理命令
using namespace std;                      //使用命名空间 std

namespace MyName                          //命名空间 MyName
{
    int x=10;                             //命名空间 MyName 中的变量 x
}

int x=20;                                 //全局变量 x
```

```
int main()                                          //主函数 main()
{
    using MyName::x;                                //用 using 声明 x

    cout<<"命名空间 MyName 中的变量 x:"<<x<<endl;   //此处 x 与 MyName::x 等价
    cout<<"全部变量 x:"<<::x<<endl;

    system("PAUSE");                //调用库函数 system(),输出系统提示并返回操作系统
    return 0;                       //返回值 0,返回操作系统
}
```

程序运行时屏幕输出如下：

命名空间 MyName 中的变量 x:10
全部变量 x:20
请按任意键继续…

（3）使用 using namespace 对命名空间名加以声明,使用格式如下：

using namespace 命名空间名;

在上面声明语句的作用域内,当用到命名空间中的成员时,可以不用命名空间名与作用域运算符加以限制,这样方便使用,下面是使用示例。

例 8.12 用 using namespace 声明命名空间使用示例。

```
//文件路径名:e8_12\main.cpp
#include<iostream>                                  //编译预处理命令
using namespace std;                                //使用命名空间 std

namespace MyName                                    //命名空间 MyName
{
    int x=10;                                       //命名空间 MyName 中的变量 x
}
int main()                                          //主函数 main()
{
    using namespace MyName;                         //用 using namespace 声明 MyName

    cout<<"命名空间 MyName 中的变量 x:"<<x<<endl;   //此处 x 与 MyName::x 等价

    system("PAUSE");                //调用库函数 system(),输出系统提示并返回操作系统
    return 0;                       //返回值 0,返回操作系统
}
```

程序运行时屏幕输出如下：

命名空间 MyName 中的变量 x:10
请按任意键继续…

以上介绍的都是有名字的命名空间,在 C++ 中还允许使用没有名字的命名空间,也就

是无名命名空间,具体定义格式如下:

```
namespace
{
    //各种成员(包括类型名、变量名和函数名)的声明或者定义
}
```

使用无名命名空间的成员时,不加命名空间名与作用域运算符,也就是直接使用无名命名空间的成员即可,下面是使用示例。

例 8.13 无名命名空间使用示例。

```
//文件路径名:e8_13\main.cpp
#include<iostream>                   //编译预处理命令
using namespace std;                 //使用命名空间 std

namespace MyName                     //命名空间 MyName
{
    int x=10;                        //命名空间 MyName 中的变量 x
}

namespace                            //无名命名空间
{
    int x=20;                        //无名命名空间中的变量 x
}

int main()                           //主函数 main()
{
    cout<<"命名空间 MyName 中的变量 x:"<<MyName::x<<endl;
    cout<<"无名命名空间中的变量 x:"<<x<<endl;

    system("PAUSE");                 //调用库函数 system(),输出系统提示并返回操作系统
    return 0;                        //返回值 0,返回操作系统
}
```

程序运行时屏幕输出如下:

命名空间 MyName 中的变量 x:10
无名命名空间中的变量 x:20
请按任意键继续...

**8.5 实例研究：实用程序工具包

一些语句在逻辑上不相关,但却经常使用,将它们收集起来形成实用程序工具包
utility.h,今后所有程序都可用它,只要包含有如下预处理命令:

```
#include "utility.h"                 //实用程序工具包头文件
```

试开发一个实用程序工具包,包括如下内容:

1. 实用函数

(1) GetChar()函数:需要跳过空格及制表符,可用循环结构,当输入的字符属于要跳过的字符时循环,直到输入的字符为一般字符为止,函数声明如下:

```
char GetChar(istream &inStream=cin);  //从输入流 inStream 中跳过空格及制表符获取一字符
```

(2) UserSaysYes()函数:可采用循环结构实现,只有当用户输入恰当的回答才结束循环,否则将进行循环,函数声明如下:

```
bool UserSaysYes();  //当用户肯定回答(yes)时,返回 true,用户否定回答(no)时,返回 false
```

2. 实用函数模板

采用循环赋值方式交换两个数据的函数模板 Swap(),并注意参数采用引用方式;对于显示数组中各元素的值的函数模板 Show(),在输出时可用空格分隔不同数据,这两个函数模板声明如下:

```
//函数模板
template<class ElemType>
void Swap(ElemType &e1, ElemType &e2);          //交换 e1, e2 之值
template<class ElemType>
void Show(ElemType elem[], int n);              //显示数组 elem 的各数据元素值
```

3. 实用类

(1) 计时器类 Timer:构造函数用于启动计时器的工作,如果要重新设置计时器,可使用 Timer 类的方法 Reset(),方法 ElapsedTime()用于返回从 Timer 对象启动或最后一次调用方法 Reset()后所使用的 CPU 时间,类 Timer 声明如下:

```
//计时器类 Timer
class Timer
{
private:
//数据成员
    clock_t startTime;

public:
//方法声明
    Timer();                          //构造函数, 由当前时间作为开始时间构造对象
    double ElapsedTime() const;       //返回已过的时间
    void Reset();                     //重置开始时间
};
```

在 C++ 系统中提供了头文件 ctime 或 time. h,它包含了标准函数 clock()以及类型 clock_t,函数 clock()返回程序从开始运行到现在经过的嘀嗒(ticks)数,函数 clock()返回值类型为 clock_t,clock_t 在 Visual C++ 6.0 中的声明如下:

```
typedef long clock_t;
```

在 C++ 中,每秒的嘀嗒(ticks)数等于 CLK_TCK,所以时间间隔的嘀嗒(ticks)数除以 CLK_TCK 就是间隔的秒数。

(2) 随机数类 Rand:有关随机数的函数主要包括设置随机数种子和返回随机数的函数,将这些函数声明为 Rand 类的静态成员函数,在使用时只要输入"Rand::",一般的集成开发环境将自动列出有关随机数的函数的列表,这样使用起来更方便,具体类声明如下:

```
//随机数类 Rand
class Rand
{
public:
//方法声明
    static SetRandSeed();                    //设置当前时间为随机数种子
    static int GetRand(int n);               //生成 0~n-1 之间的随机数
    static int GetRand();                    //生成 0~n-1 之间的随机数
};
```

在设置随机数种子时,最好使用函数 time(NULL)返回从 1970 年 1 月 1 日午夜 (00:00:00)到当前所经过的秒数。

下面是上机操作步骤:

(1) 建立工程 utility。

(2) 建立实用程序工具包头文件 utility.h,具体内容如下:

```
//文件路径名:utility\utility.h
#ifndef __UTILITY_H__                        //如果没有定义__UTILITY_H__
#define __UTILITY_H__                        //那么定义__UTILITY_H__

//实用程序工具包

#include<string>                             //标准串和操作
#include<iostream>                           //标准流操作
#include<limits>                             //极限
#include<cmath>                              //数据函数
#include<fstream>                            //文件输入输出
#include<cctype>                             //字符处理
#include<ctime>                              //日期和时间函数
#include<cstdlib>                            //标准库
#include<cstdio>                             //标准输入输出
#include<iomanip>                            //输入输出流格式设置
#include<cstdarg>                            //支持变长函数参数
#include<cassert>                            //支持断言
using namespace std;                         //标准库包含在命名空间 std 中

//实用函数
char GetChar(istream &in=cin)                //从输入流 in 中跳过空格及制表符获取一字符
{
```

```cpp
    char ch;                              //临时变量

    while ((ch=in.peek())!=EOF            //文件结束符(peek()函数从输入流中接收 1
                                          //字符,流的当前位置不变)
        && ((ch=in.get())==' '            //空格(get()函数从输入流中接收 1 字符,流
                                          //的当前位置向后移 1 个位置)
        ||ch=='\t'));                     //制表符

    return ch;                            //返回字符
}

bool UserSaysYes()     //当用户肯定回答(yes)时, 返回 true; 用户否定回答(no)时,返回 false
{
    char ch;                              //用户回答字符
    bool initialResponse=true;            //初始回答

    do
    {                                     //循环直到用户输入恰当的回答为止
        if (initialResponse) cout<<"(y, n)?";   //初始回答
        else cout<<"用 y 或 n 回答:";      //非初始回答
        while ((ch=GetChar())=='\n');     //跳过空格,制表符及换行符获取一字符
        initialResponse=false;            //非初始回答
    } while (ch!='y' && ch!='Y' && ch!='n' && ch!='N');
    while (GetChar()!='\n');                      //跳过当前行后面的字符

    if (ch=='y'||ch=='Y') return true;            //肯定回答返回 true
    else return false;                            //否定回答返回 false
}


//函数模板
template<class ElemType>
void Swap(ElemType &e1, ElemType &e2)     //交换 e1, e2 之值
{
    ElemType temp;                        //临时变量
    temp=e1; e1=e2; e2=temp;              //循环赋值实现交换 e1, e2
}


template<class ElemType>
void Show(ElemType elem[], int n)         //显示数组 elem 的各数据元素值
{
    for (int i=0; i<n; i++)
    {                                     //显示数组 elem
        cout<<elem[i]<<"  ";              //显示 elem[i]
    }
    cout<<endl;                           //换行
```

```
}

//实用类
//计时器类 Timer
class Timer
{
private:
//数据成员
    clock_t startTime;

public:
//方法声明
    Timer(){ startTime=clock(); }
                                        //构造函数,由当前时间作为开始时间构造对象
    double ElapsedTime() const          //返回已过的时间
    {
        clock_t endTime=clock();                        //结束时间
        return (double)(endTime-startTime)/(double)CLK_TCK;  //计算已过时间
    }
    void Reset(){ startTime=clock(); }              //重置开始时间
};

//随机数类 Rand
class Rand
{
public:
//方法声明
    static void SetRandSeed(){srand((unsigned)time(NULL));}  //设置当前时间为随机数种子
    static int GetRand(int n){ return rand()%n; }           //生成 0~n-1 之间的随机数
    static int GetRand(){ return rand(); }                  //生成随机数
};


#endif
```

(3) 建立源程序文件 main.cpp,实现 main()函数,具体代码如下:

```
//文件路径名:utility\main.cpp

#include "utility.h"                      //实用程序工具包头文件

int main()                               //主函数 main()
{
    try                                  //用 try 封装可能出现异常的代码
    {
        bool tag=true;                   //是否继续循环的标志
```

```
while (tag)
{
    int n;                                     //矩阵阶数

    cout<<"请输入矩阵阶数：";
    cin>>n;                                     //输入矩阵阶数
    if (n>1000) throw "阶数太大了！";            //抛出异常

    int **a,**b, **c;                           //用指向指针的指针表示二维数组
    Timer objTimer;                             //计时器
    int i, j, k;                                //临时变量

    //分配矩阵的行(每行是一个一维数组,可用指针来表示)
    a=new int * [n+1];                          //矩阵 a
    b=new int * [n+1];                          //矩阵 b
    c=new int * [n+1];                          //矩阵 c
    for (i=1; i<=n; i++)
    {                                           //为矩阵第 i 行分配存储空间
        a[i]=new int[n+1];                      //矩阵 a
        b[i]=new int[n+1];                      //矩阵 b
        c[i]=new int[n+1];                      //矩阵 c
    }

    Rand::SetRandSeed();                        //以当前时间作为随机数的种子
    objTimer.Reset();                           //重置当前时间为开始时间

    //生成随机的 a 与 b 的元素值
    for (i=1; i<=n; i++)
        for (j=1; j<=n; j++)
        {
            a[i][j]=Rand::GetRand();            //生成随机数
            b[i][j]=Rand::GetRand();            //生成随机数
        }

    //求 c=a+b
    for (i=1; i<=n; i++)
        for (j=1; j<=n; j++)
            c[i][j]=a[i][j]+b[i][j];            //求和

    for (i=1; i<=n; i++)
    {                                           //释放矩阵第 i 行所占用存储空间
        delete []a[i];                          //释放矩阵 a 第 i 行
        delete []b[i];                          //释放矩阵 b 第 i 行
        delete []c[i];                          //释放矩阵 c 第 i 行
    }
```

```
                //释放矩阵所占用的所有存储空间
                delete []a;                          //释放矩阵 a
                delete []b;                          //释放矩阵 b
                delete []c;                          //释放矩阵 c

                cout<<"用时:"<<objTimer.ElapsedTime()<<"秒."<<endl;
                cout<<"是否继续";
                tag=UserSaysYes();
            }

        }
        catch (char* errMess)                        //捕捉并处理异常
        {
            cout<<errMess<<endl;                     //显示异常信息
        }

        system("PAUSE");                             //调用库函数 system(),输出系统提示信息
        return 0;                                    //返回值 0, 返回操作系统
    }
```

程序运行时屏幕输出参考如下:

请输入矩阵阶数:1000
用时:27.109秒.
是否继续(y, n)?y
请输入矩阵阶数:600
用时:5.187秒.
是否继续(y, n)?y
请输入矩阵阶数:1001
阶数太大了!
请按任意键继续...

8.6 程 序 陷 阱

1. 显式类型转换在类对象中的进一步发展

在 C++ 中,显式类型转换的使用方式为:

目标类型名(表达式)

用于将一种类型的数据强制转换成目标类型,如果目标类型是类,要求类定义有转换构造函数,也就是单参数(特指没有其他参数,或其他参数都有默认值)的构造函数,实际上对于类,上面的显式类型转换还可进一步发展为:

目标类型名(实参表)

上面的实参表对应于定义构造函数时的形参表,表示调用类的构造函数生成一个无名对象。

对于无参构造函数或构造函数的所有参数都有默认值,也不能省略"目标类型名"后的圆括号"()",下面是使用示例程序。

```cpp
//文件路径名:trap8_1\main.cpp
#include<iostream>                                    //编译预处理命令
using namespace std;                                  //使用命名空间 std

//声明复数数
class Complex
{
private:
//数据成员
    double real;                                      //实部
    double image;                                     //虚部

public:
//公有函数
    Complex(double r=0, double i=0): real(r), image(i){ }  //构造函数
    double GetReal() const { return real; }           //返回实部
    double GetImage() const { return image; }         //返回虚部
    void SetReal(double r) { real=r; }                //设置实部
    void SetImage(double i) { image=i; }              //设置虚部
};

ostream &operator<< (ostream &out, const Complex &z)  //重载输出运算符"<<"
{
    if (z.GetImage()<0) cout<<z.GetReal()<<z.GetImage()<<"i";  //虚部为负
    else if (z.GetImage()==0) cout<<z.GetReal();      //虚部为 0
    else cout<<z.GetReal()<<"+"<<z.GetImage()<<"i";   //虚部为正
    return out;                                       //返回输出流对象
}

int main()                                            //主函数 main()
{
    cout<<Complex()<<endl;                            //输出 0
    cout<<Complex(1, 2)<<endl;                        //输出 1+2i

    system("PAUSE");                                  //调用库函数 system(),输出系统提示信息
    return 0;                                         //返回值 0, 返回操作系统
}
```

程序运行时屏幕输出如下:

```
0
1+2i
请按任意键继续 ...
```

2. 内置函数定义的位置

初学者在使用内置函数时容易将内置函数定义的位置弄错,在编译过程中,内置函数调用时,将用实参初始化形参后的函数体代码来替换函数调用,为简化编译器的实现,现在各 C++ 编译器都规定内置函数的定义必须出现在第一次调用内置函数之前。

8.7 习 题

一、选择题

1. 下列关于 C++ 函数的说明中,正确的是_____。

   A) 内置函数就是定义在另一个函数体内部的函数

   B) 函数体的最后一条语句必须是 return 语句

   C) 标准 C++ 要求在调用一个函数之前,如果没定义函数,则必须先声明其原型

   D) 编译器会根据函数的返回值类型和参数表来区分函数的不同重载形式

2. 下列有关内置函数的叙述中,正确的是_____。

   A) 内置函数在调用时发生控制转移

   B) 内置函数必须通过关键字 inline 来定义

   C) 内置函数是通过编译器来实现的

   D) 内置函数体的最后一条语句必须是 return 语句

3. 为取代 C 中带参数的宏,在 C++ 中使用_____。

   A) 重载函数   B) 内置函数   C) 递归函数   D) 友元函数

4. 有以下程序:

```
//文件路径名:ex8_1_4\main.cpp
#include<iostream>                    //编译预处理命令
using namespace std;                  //使用命名空间 std

class A
{
private:
    double a;                         //数据成员

public:
    A(int m=0): a(m) {}               //构造函数
    _____                  //类型转换函数
    { return (int)a; }
};

int main()                            //主函数 main()
{
    A a=8.14;                         //定义对象
    cout<<a<<endl;                    //输出 a
    return 0;                         //返回值 0, 返回操作系统
```

```
    }
```

该程序输出为 8,则横线处应填入_____。

A) int operator int() const

B) int &operator int() const

C) operator int() const

D) operator(int&) const

二、编程题

1. 编程实现一个一维数组类 Array,在类 Array 中重载下标运算符"[]",并使用异常处理机制提高安全性,要求编写测试程序。

2. 参考例 8.3 程序实现一个双精度实型类 Double,要求含有转换构造函数和类型转换函数,并编写出测试程序。

**3. 编写一个程序,满足:

(1) 定义二维点类 Point,其中数据成员包括 x 和 y 坐标,成员函数包括构造函数,显示坐标的函数 Show()。

(2) 定义两个命名空间 ns1 和 ns2,各设计一个名称为 A 的类,在 ns1::A 类中包括数据成员 a,成员函数包括构造函数,返回 a 的函数 Geta(),在 ns2::A 类中包含数据成员 b,成员函数包括构造函数,返回 b 的函数 Getb()。

(3) 从 ns1::A 和 ns2::A 这两个类公共派生出一个类 B,B 类不含数据成员,但成员函数包括构造函数,显示数据的函数 Show(),转换为二维点类的类类型转换函数 operator Point()。

(4) 在主函数中编写一些数据进行测试。

附录 A　本书的软件包

本书开发的软件包主要是针对编程中经常会用到的类、函数等内容,读者在编写时可加以引用,同时也可加入新内容。

名　　　称	头　文　件	测试程序文件夹
实用程序软件包	utility. h	utility
快速排序	quick_sort. h	quick_sort
栈	node. h stack. h	stack

附录 B　流行 C++ 编译器的使用方法

本书的所有程序都在 Visual C++ 6.0、Visual C++ 2005、Visual C++ 2005 Express、Dev-C++ 和 MinGW Developer Studio 编译器中进行了严格测试，下面将分别介绍各开发环境的使用方法，读者可选择感兴趣的开发环境进行学习，为更容易理解，下面以一个具体的有关圆的类的实例具体讲解操作步骤。

B.1　Visual C++ 6.0

Visual C++ 6.0 是当前最流行的 C++ 编译器，是全国计算机等级考试指定的 C 语言与 C++ 语言的开发环境。下面将介绍它的具体使用方法。

1. 建立工程

（1）启动 Visual C++ 6.0，选择 File 菜单中的 New 选项，单击 Projects 选项卡，选择项目类型为 Win32 Console Application，然后在 location 文本框中输入项目所在的文件夹，在 Project name 文本框中输入工程名 circle，如图 B.1 所示。

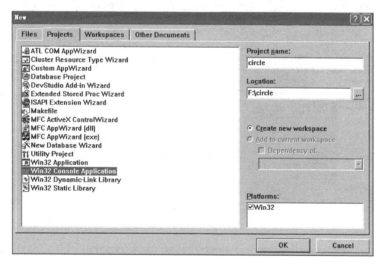

图 B.1　选择 Win32 Console Application 类型

（2）在如图 B.2 所示的对话框中，选中 An empty project，单击 Finish 按钮，随即会显示项目信息，再单击 OK 按钮。

说明：在 Visual C++ 6.0 与 Dev-C++ 的中文版中 Projects 被翻译为工程，在 Visual C++ 2005 与 Visual C++ 2005 Express 的中文版中翻译为项目，在本书中，工程与项目认为是同义词，大部分情况都为工程。

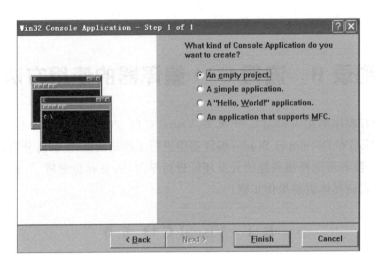

图 B.2　选中 An empty project

2. 向工程中加入已有文件

（1）将软件包中的 utility.h 复制到 circle 文件夹中。

（2）选中左下部分的 FileView 选项卡，右单击 Header Files，在弹出的菜单中选择 Add Files to Folder 选项，如图 B.3 所示。

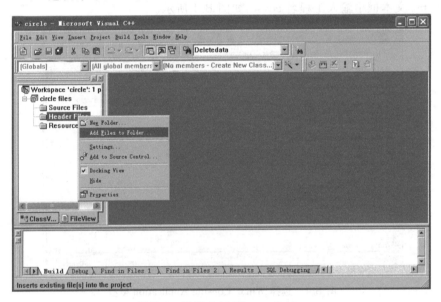

图 B.3　选择 Add Files to Folder

说明：*如要添加头文件，需右单击 Header Files，如要添源代码文件，需右单击 Source Files。*

（3）在弹出的 Insert Files into Project 对话框中选择要加入的文件名 utility.h，如图 B.4 所示。

（4）单击 Insert Files into Project 对话框中的 OK 按钮。

图 B.4 Insert Files into Project 对话框

3. 在工程中建立新文件

（1）选择 File 菜单中的 New 选项，单击 Files 选项卡，选择文件类型 C/C++ Header File，然后在 File 文本框中输入文件名 circle.h，如图 B.5 所示。

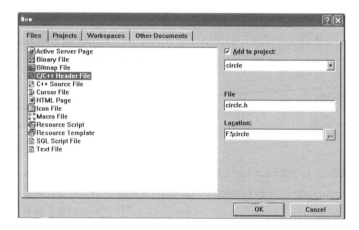

图 B.5　选择文件类型 C/C++ Header File

（2）单击 OK 按钮，在 Visual C++ 6.0 的集成开发环境中输入如下代码，如图 B.6 所示。

```
//文件路径名：circle\circle.h
#ifndef __CIRCLE_H__                        //如果没有定义__CIRCLE_H__
#define __CIRCLE_H__                        //那么定义__CIRCLE_H__

const int DEFAULT_RADIUS=10;                //缺省圆半径
const double PI=3.1415926;                  //圆周率常数

//圆类 Circle 声明
class Circle
{
private:
//数据成员：
```

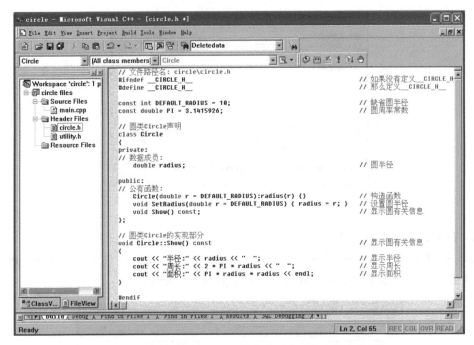

图 B.6　在 Visual C++ 6.0 的集成开发环境中输入代码

```
    double radius;                                          //圆半径


public:
//公有函数:
    Circle(double r=DEFAULT_RADIUS):radius(r) {}            //构造函数
    void SetRadius(double r=DEFAULT_RADIUS) { radius=r; }   //设置圆半径
    void Show() const;                                     //显示圆有关信息
};


//圆类 Circle 的实现部分
void Circle::Show() const                                  //显示圆有关信息
{
    cout<<"半径:"<<radius<<"  ";                            //显示半径
    cout<<"周长:"<<2 * PI * radius<<"  ";                   //显示周长
    cout<<"面积:"<<PI * radius * radius<<endl;              //显示面积
}


#endif
```

（3）选择 File 菜单中的 New 选项，单击 Files 选项卡，选择文件类型 C++ Source File，然后在 File 文本框中输入文件名 main.cpp，如图 B.7 所示。

（4）单击 OK 按钮，在 Visual C++ 6.0 的集成开发环境中输入如下代码，如图 B.8 所示。

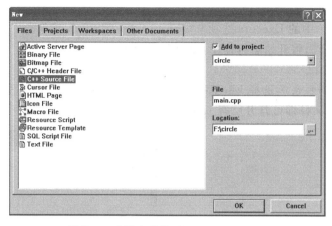

图 B.7　选择文件类型 C++ Source File

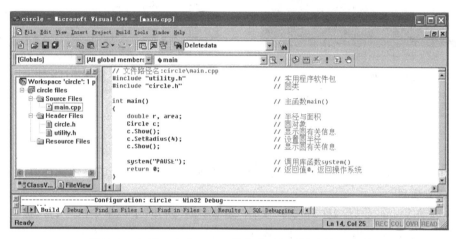

图 B.8　在 Visual C++ 6.0 的集成开发环境中输入代码

```
//文件路径名:circle\main.cpp
# include "utility.h"                    //实用程序软件包
# include "circle.h"                     //圆类

int main()                              //主函数 main()
{
    double r, area;                     //半径与面积
    Circle c;                           //圆对象
    c.Show();                           //显示圆有关信息
    c.SetRadius(4);                     //设置圆半径
    c.Show();                           //显示圆有关信息

    system("PAUSE");                    //调用库函数 system()
    return 0;                           //返回值 0,返回操作系统
}
```

4. 运行程序

选择 Build 菜单中的 Execute 选项，或单击工具栏中的 **!** 按钮，或按组合键 Ctrl＋F5，将开始运行程序，如图 B.9 所示。

5. 打开已有工程

启动 Visual C++ 6.0，选择 File 菜单中的 Open workspace 选项，在弹出的对话框中选择需要打开的工程文件即可打开已有工程，如图 B.10 所示。

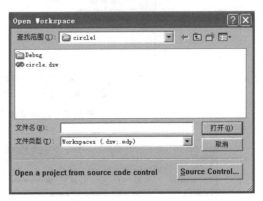

图 B.9　程序运行界面　　　　　　　　　图 B.10　选择项目文件

B.2　Visual C++ 2005

Visual C++ 2005 是当前最流行的 C++ 编译器，下面将介绍它的具体使用方法。

1. 建立项目

(1) 启动 Visual C++ 2005，选择"文件"菜单中的"新建"子菜单中的"项目"选项，在"项目类型"中选择 win32，在模板中选择"Win32 控制台应用程序"，使"创建解决方案的目录"选项处于不被选中状态(也就是处于未打钩状态)，然后在"位置"文本框中输入项目所在的位置，在"名称"文本框中输入项目名 circle，如图 B.11 所示。

图 B.11　选择 Win32 控制台应用程序模板

（2）单击"确定"按钮，接下来再单击"下一步"按钮，在如图 B.12 所示的对话框中，选中"空项目"选项（也就是处于打钩状态），单击"完成"按钮。

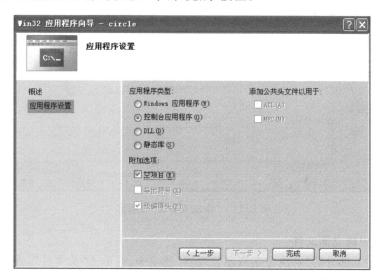

图 B.12　选中"空项目"选项

2.　向项目中加入已有文件

（1）将软件包中的 utility.h 复制到 circle 文件夹中。

（2）选中左下部分的"解决方案资源管理器"选项卡，右单击"头文件"，在弹出的菜单中选择"添加"子菜单的"现有项"选项，如图 B.13 所示。

图 B.13　选择"现有项"选项

说明：如需添加头文件，需右单击"头文件"，如需添加源文件，需右单击"源文件"。

（3）在弹出的"添加现有项"对话框中选择要加入的文件名 utility.h，如图 B.14 所示。

（4）单击"添加现有项"对话框中的"添加"按钮。

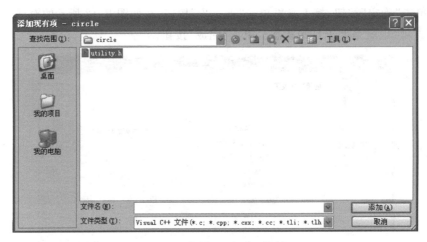

图 B.14 "添加现有项"对话框

3. 在项目中建立新文件

（1）选中左下部分的"解决方案资源管理器"选项卡，右单击"头文件"，在弹出的菜单中选择"添加"子菜单的"新建项"选项，在弹出的对话框中选择"头文件（.h）"选项，在"名称"文本框中输入文件名 circle.h，如图 B.15 所示。

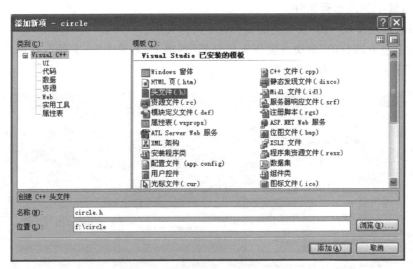

图 B.15 选择"头文件（.h）"选项

（2）单击"添加"按钮，在 Visual C++ 2005 的集成开发环境中输入如下代码，如图 B.16 所示。

```
//文件路径名：circle\circle.h
#ifndef __CIRCLE_H__                    //如果没有定义__CIRCLE_H__
#define __CIRCLE_H__                    //那么定义__CIRCLE_H__

const int DEFAULT_RADIUS=10;            //缺省圆半径
const double PI=3.1415926;              //圆周率常数
```

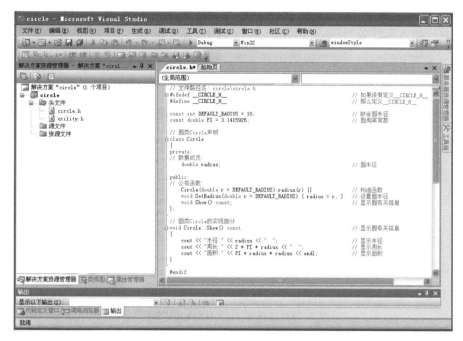

图 B.16 在 Visual C++ 2005 的集成开发环境中输入代码

```cpp
//圆类 Circle 声明
class Circle
{
private:
//数据成员:
    double radius;                                         //圆半径

public:
//公有函数:
    Circle(double r=DEFAULT_RADIUS):radius(r) {}            //构造函数
    void SetRadius(double r=DEFAULT_RADIUS) { radius=r; }   //设置圆半径
    void Show() const;                                     //显示圆有关信息
};

//圆类 Circle 的实现部分
void Circle::Show() const                                  //显示圆有关信息
{
    cout<<"半径:"<<radius<<"  ";                            //显示半径
    cout<<"周长:"<<2 * PI * radius<<"  ";                   //显示周长
    cout<<"面积:"<<PI * radius * radius<<endl;              //显示面积
}

#endif
```

（3）选中左下部分的"解决方案资源管理器"选项卡，右单击"源文件"，在弹出的菜单中选择"添加"子菜单的"新建项"选项,在弹出的对话框中选择"C++ 文件(.cpp)"选项,在"名称"文本框中输入文件名 main.cpp,如图 B.17 所示。

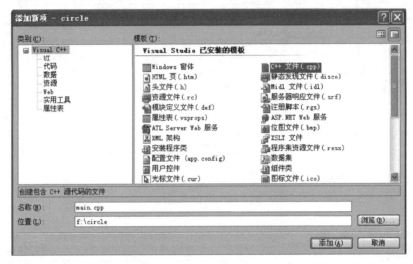

图 B.17 选择"C++ 文件(.cpp)"选项

(4) 单击"添加"按钮,在 Visual C++ 2005 的集成开发环境中输入如下代码,如图 B.18 所示。

图 B.18 在 Visual C++ 2005 的集成开发环境中输入代码

```
//文件路径名:circle\main.cpp
# include "utility.h"                          //实用程序软件包
# include "circle.h"                           //圆类

int main()                                     //主函数 main()
{
    double r, area;                            //半径与面积
    Circle c;                                  //圆对象
    c.Show();                                  //显示圆有关信息
```

```
c.SetRadius(4);                          //设置圆半径
c.Show();                                //显示圆有关信息

system("PAUSE");                         //调用库函数 system()
return 0;                                //返回值 0, 返回操作系统
}
```

4. 运行程序

选择"调试"菜单中的"开始执行(不调试)"选项  ，或单击工具栏中的 ▶ 按钮，或按组合键 Ctrl＋F5，将开始运行程序，如图 B.19 所示。

图 B.19　程序运行界面

注意：对于 FAT32 系统，在运行程序前，应选择"项目"菜单的"属性"选项，在弹出的对话框中，选中"配置"中的"清单工具"下的"常规"选项，在右侧的列表中选择"使用 FAT32 位解决办法"的"是"选项，如图 B.20 所示，或者选中"配置"中的"清单工具"下的"输入和输出"选项，在右侧的列表中选择"嵌入清单"的"否"选项，如图 B.21 所示，或者选中"配置"中的"链接器"下的"常规"选项，在右侧的列表中选择"启用增量链接"的"否"选项，如图 B.22 所示。

图 B.20　选择"使用 FAT32 位解决办法"的"是"选项

5. 打开已有项目

启动 Visual C++ 2005，选择"文件"菜单中的"打开"子菜单中"项目/解决方案"选项，在弹出的对话框中选择需要打开的项目文件即可打开已有项目，如图 B.23 所示。

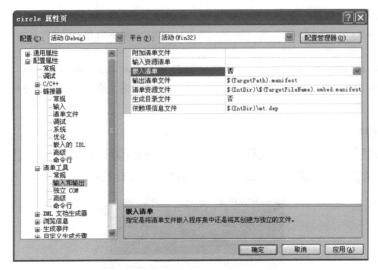

图 B.21 选择"嵌入清单"的"否"选项

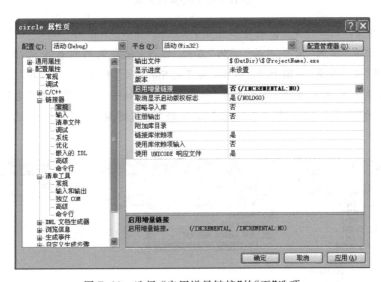

图 B.22 选择"启用增量链接"的"否"选项

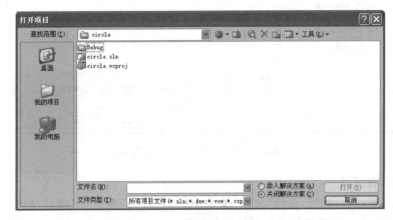

图 B.23 选择项目文件

B.3 Visual C++ 2005 Express

Visual C++ 2005 Express 是一种轻量级的 Visual C++ 软件,易于使用。对于编程爱好者、学生和初学者来说是很好的编程工具,微软在 2006 年 4 月 22 日正式宣布 Visual Studio 2005 Express 版永久免费。下面将介绍它的具体使用方法。

1. 建立项目

(1) 启动 Visual C++ 2005 Express,选择"文件"菜单中的"新建"子菜单中的"项目"选项,在"项目类型"中选择 Win32,在模板中选择"Win32 控制台应用程序",使"创建解决方案的目录"选项处于不被选中状态(也就是处于未打钩状态),然后在"位置"文本框中输入项目所在的位置,在"名称"文本框中输入项目名 circle,如图 B.24 所示。

图 B.24　选择 Win32 控制台应用程序模板

(2) 单击"确定"按钮,接下来再单击"下一步"按钮,在如图 B.25 所示的对话框中,选中"空项目"选项(也就是处于打钩状态),单击"完成"按钮。

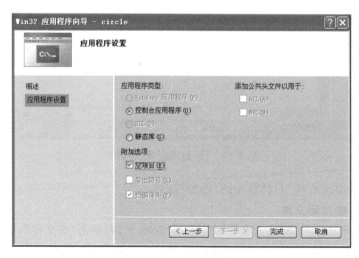

图 B.25　选中"空项目"选项

2. 向项目中加入已有文件

（1）将软件包中的 utility.h 复制到 circle 文件夹中。

（2）选中左下部分的"解决方案资源管理器"选项卡，右单击"头文件"，在弹出的菜单中选择"添加"子菜单的"现有项"选项，如图 B.26 所示。

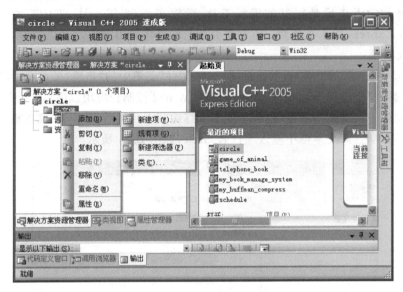

图 B.26　选择"现有项"选项

　　说明：如需加入头文件，需右单击"头文件"，如需加入源文件，需右单击"源文件"。

（3）在弹出的"添加现有项"对话框中选择要加入的文件名 utility.h，如图 B.27 所示。

图 B.27　"添加现有项"对话框

（4）单击"添加现有项"对话框中的"添加"按钮。

3. 在项目中建立新文件

（1）选中左下部分的"解决方案资源管理器"选项卡，右单击"头文件"，在弹出的菜单中选择"添加"子菜单的"新建项"选项，在弹出的对话框中选择"头文件（.h）"选项，在"名称"文本框中输入文件名 circle.h，如图 B.28 所示。

图 B.28　选择"头文件(.h)"选项

（2）单击"添加"按钮，在 Visual C++ 2005 Express 的集成开发环境中输入如下代码，如图 B.29 所示。

图 B.29　在 Visual C++ 2005 Express 的集成开发环境中输入代码

```
//文件路径名：circle\circle.h
#ifndef __CIRCLE_H__                            //如果没有定义__CIRCLE_H__
#define __CIRCLE_H__                            //那么定义__CIRCLE_H__

const int DEFAULT_RADIUS=10;                    //缺省圆半径
const double PI=3.1415926;                      //圆周率常数
```

```
//圆类 Circle 声明
class Circle
{
private:
//数据成员:
    double radius;                                          //圆半径

public:
//公有函数:
    Circle(double r=DEFAULT_RADIUS):radius(r) {}            //构造函数
    void SetRadius(double r=DEFAULT_RADIUS) { radius=r; }   //设置圆半径
    void Show() const;                                     //显示圆有关信息
};

//圆类 Circle 的实现部分
void Circle::Show() const                                  //显示圆有关信息
{
    cout<<"半径:"<<radius<<"  ";                           //显示半径
    cout<<"周长:"<<2*PI*radius<<"  ";                      //显示周长
    cout<<"面积:"<<PI*radius*radius<<endl;                 //显示面积
}


#endif
```

（3）选中左下部分的"解决方案资源管理器"选项卡，右单击"源文件"，在弹出的菜单中选择"添加"子菜单的"新建项"选项，在弹出的对话框中选择"C++文件(.cpp)"选项，在"名称"文本框中输入文件名 main.cpp，如图 B.30 所示。

图 B.30　选择"C++文件(.cpp)"选项

（4）单击"添加"按钮，在 Visual C++ 2005 Express 的集成开发环境中输入如下代码，如图 B.31 所示。

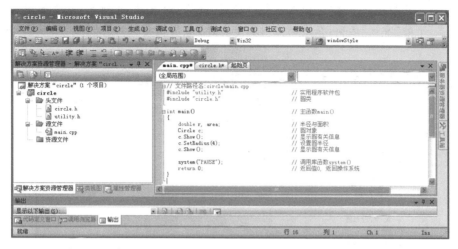

图 B.31　在 Visual C++ 2005 Express 的集成开发环境中输入代码

```cpp
//文件路径名:circle\main.cpp
#include "utility.h"                    //实用程序软件包
#include "circle.h"                     //圆类

int main()                             //主函数 main()
{
    double r, area;                    //半径与面积
    Circle c;                          //圆对象
    c.Show();                          //显示圆有关信息
    c.SetRadius(4);                    //设置圆半径
    c.Show();                          //显示圆有关信息

    system("PAUSE");                   //调用库函数 system()
    return 0;                          //返回值 0, 返回操作系统
}
```

4. 运行程序

选择"调试"菜单中的"开始执行（不调试）"选项 开始执行（不调试）(H)　　　　　　Ctrl+F5，或单击工具栏中的 ▶ 按钮，或按组合键 Ctrl+F5，将开始运行程序，如图 B.32 所示。

图 B.32　程序运行界面

注意：对于 FAT32 系统，在运行程序前，应选择"项目"菜单的"属性"选项，在弹出的对

话框中,选中"配置"中的"清单工具"下的"常规"选项,在右侧的列表中选择"使用 FAT32
解决办法"的"是"选项,如图 B.33 所示,或者选中"配置"中的"清单工具"下的"输入和输
出"选项,在右侧的列表中选择"嵌入清单"的"否"选项,如图 B.34 所示,或者选中"配置"中
的"链接器"下的"常规"选项,在右侧的列表中选择"启用增量链接"的"否"选项,如图 B.35
所示。

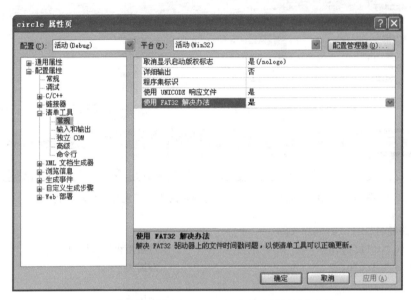

图 B.33 选择"使用 FAT32 解决办法"的"是"选项

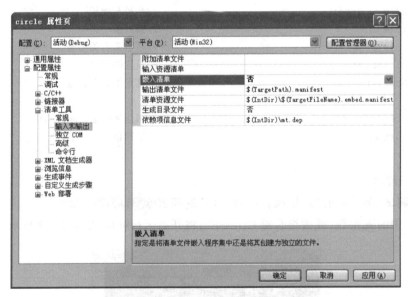

图 B.34 选择"嵌入清单"的"否"选项

5. 打开已有项目

启动 Visual C++ 2005 Express,选择"文件"菜单中的"打开"子菜单中"项目/解决方
案"选项,在弹出的对话框中选择需要打开的项目文件即可打开已有项目,如图 B.36 所示。

图 B.35 选择"启用增量链接"的"否"选项

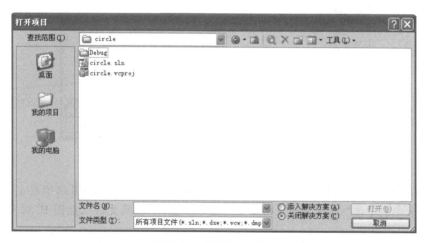

图 B.36 选择项目文件

B.4 Dev-C++

Dev-C++ 是能够让 GCC 在 Windows 下运行的集成开发环境,提供了与专业 IDE 相媲美的语法高亮、代码提示,调试等功能。下面将介绍它的具体使用方法。

1. 建立工程

(1) 建立工程所在的 circle 文件夹,启动 Dev-C++,选择"文件"菜单中的"新建"子菜单中的"工程"选项,在 Basic 中选择 Console Application,在"名称"文本框中输入工程名 circle,如图 B.37 所示。

(2) 在"保存在"列表中选择项目所在的 circle 文件夹,在"文件名"文本框中输入工程名 circle.dev,如图 B.38 所示,单击"保存"按钮。

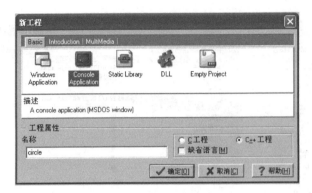

图 B. 37　选择 Console Application

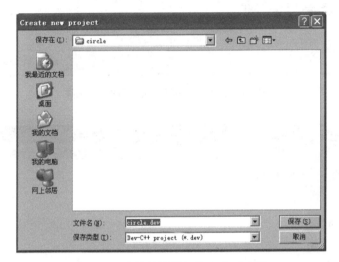

图 B. 38　选择项目所在的 circle 文件夹

（3）新建工程后，系统将自动生成 main. cpp 文件，如果不需要，可选中左上部的"工程管理"选项卡中右单击"mian. cpp"，在弹出的菜单中选择"移除文件"，如图 B. 39 所示。

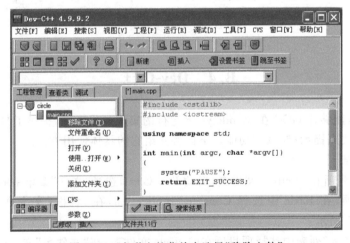

图 B. 39　在弹出的菜单中选择"移除文件"

2. 向工程中加入已有文件

（1）将软件包中的 utility.h 复制到 circle 文件夹中。

（2）选中左上部的"工程管理"选项卡，右单击 circle，在弹出的菜单中选择"添加"选项，如图 B.40 所示。

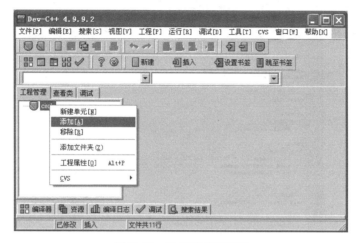

图 B.40　选择"添加"选项

（3）在弹出的"打开单元"对话框中选择要加入的文件名 utility.h，如图 B.41 所示。

图 B.41　"打开单元"对话框

（4）单击"打开单元"对话框中的"打开"按钮。

3. 在工程中建立新文件

（1）选中左上部的"工程管理"选项卡，右单击 circle，在弹出的菜单中选择"新建单元"选项，新文件名为"未命名"，可右单击"未命名"，在弹出的菜单中选择"文件重命名"，在弹出的"文件重命名"对话框中的"更名"文本框中输入文件名 circle.h，如图 B.42 所示。单击 OK 按钮即可修

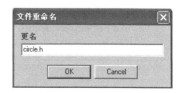

图 B.42　输入文件名 circle.h

改文件名。

（2）在 Dev-C++ 的集成开发环境中输入如下代码，如图 B.43 所示。

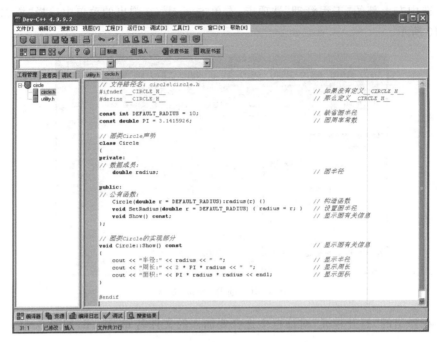

图 B.43　在 Dev-C++ 的集成开发环境中输入代码

```cpp
//文件路径名: circle\circle.h
#ifndef __CIRCLE_H__                                    //如果没有定义__CIRCLE_H__
#define __CIRCLE_H__                                    //那么定义__CIRCLE_H__

const int DEFAULT_RADIUS=10;                            //缺省圆半径
const double PI=3.1415926;                              //圆周率常数

//圆类 Circle 声明
class Circle
{
private:
//数据成员:
    double radius;                                      //圆半径

public:
//公有函数:
    Circle(double r=DEFAULT_RADIUS):radius(r) {}        //构造函数
    void SetRadius(double r=DEFAULT_RADIUS) { radius=r; } //设置圆半径
    void Show() const;                                  //显示圆有关信息
};

//圆类 Circle 的实现部分
void Circle::Show() const                               //显示圆有关信息
```

```
{
    cout<<"半径:"<<radius<<"  ";                          //显示半径
    cout<<"周长:"<<2 * PI * radius<<"  ";                 //显示周长
    cout<<"面积:"<<PI * radius * radius<<endl;            //显示面积
}

#endif
```

（3）选中左上部的"工程管理"选项卡，右单击 circle，在弹出的菜单中选择"新建单元"选项，新文件名为"未命名"，可右单击"未命名"，在弹出的菜单中选择"文件重命名"，在弹出的"文件重命名"对话框中的"更名"文本框中输入文件名 main.cpp，如图 B.44 所示。单击 OK 按钮即可修改文件名。

图 B.44　输入文件名 main.cpp

（4）在 Dev-C++ 的集成开发环境中输入如下代码，如图 B.45 所示。

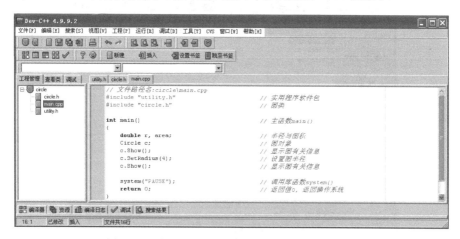

图 B.45　在 Dev-C++ 的集成开发环境中输入代码

```
//文件路径名:circle\main.cpp
#include "utility.h"                                  //实用程序软件包
#include "circle.h"                                   //圆类

int main()                                            //主函数 main()
{
    double r, area;                                   //半径与面积
    Circle c;                                         //圆对象
    c.Show();                                         //显示圆有关信息
    c.SetRadius(4);                                   //设置圆半径
    c.Show();                                         //显示圆有关信息

    system("PAUSE");                                  //调用库函数 system()
    return 0;                                         //返回值 0,返回操作系统
}
```

4. 运行程序

选择"运行"菜单中的"编译运行"选项，或单击工具栏中的 ▣
按钮，或按功能键 F9，将开始运行程序，如图 B.46 所示。

图 B.46　程序运行界面

5. 打开已有工程

启动 Dev-C++，选择"文件工程或文件"选项，在弹出的对话框中选择需要打开的项目
文件（扩展名为.dev）即可打开已有工程，如图 B.47 所示。

图 B.47　选择需要打开的项目文件（护展名为.dev）

B.5　MinGW Developer Studio

MinGW Developer Studio 是跨平台下的 GCC 集成开发环境，目前支持 WindowS、
Linux 和 FreeBSD。下面将介绍它的具体使用方法。

1. 建立工程

启动 MinGW Developer Studio，选择 File 菜单中的 New 选项，在弹出的 New 对话框
中选择 Projects 选项卡，选中 Win32 Console Application 工程类型，在 Location 文本框中
输入工程位置 F:\circle，在 Project name 文本框中输入工程名 circle，如图 B.48 所示，单击
OK 按钮将建立一个新项目。

2. 向工程中加入已有文件

（1）将软件包中的 utility.h 复制到 circle 文件夹中。

图 B.48　New 对话框

（2）选中左上部的 FileView 选项卡，右单击 Header Files，在弹出的菜单中选择 Add header files to project 选项，如图 B.49 所示。

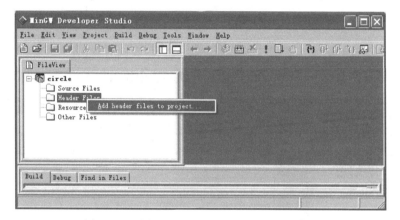

图 B.49　选择 Add header files to project 选项

（3）在弹出的 choose files 对话框中选择要加入的文件名 utility.h，如图 B.50 所示。

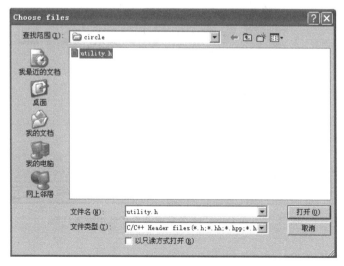

图 B.50　choose files 对话框

（4）单击"打开单元"对话框中的"打开"按钮。

3. 在工程中建立新文件

（1）选择 File 菜单中的 New 选项，在弹出的 New 对话框中选择 Files 选项卡，选中 C/C++ Header Files 文件类型，在 File name 文本框中输入文件名 circle.h，如图 B.51 所示，单击 OK 按钮将建立一个新文件。

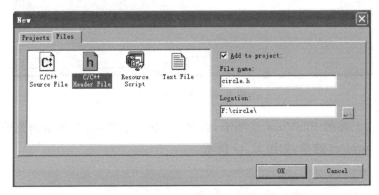

图 B.51　输入文件名 circle.h

（2）在 MinGW Developer Studio 的集成开发环境中输入如下代码，如图 B.52 所示。

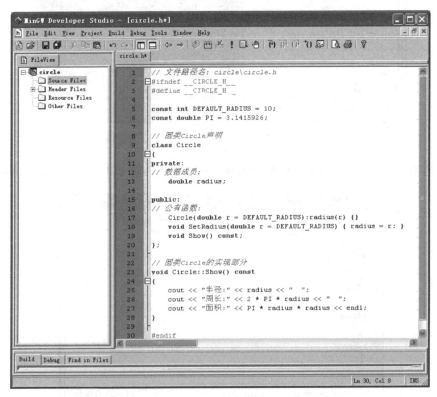

图 B.52　在 Dev-C++ 的集成开发环境中输入代码

```
//文件路径名：circle\circle.h
#ifndef __CIRCLE_H__                                    //如果没有定义__CIRCLE_H__
```

```
#define __CIRCLE_H__                                    //那么定义__CIRCLE_H__

const int DEFAULT_RADIUS=10;                            //缺省圆半径
const double PI=3.1415926;                              //圆周率常数

//圆类Circle声明
class Circle
{
private:
//数据成员:
    double radius;                                     //圆半径

public:
//公有函数:
    Circle(double r=DEFAULT_RADIUS):radius(r) {}        //构造函数
    void SetRadius(double r=DEFAULT_RADIUS) { radius=r; }  //设置圆半径
    void Show() const;                                 //显示圆有关信息
};

//圆类Circle的实现部分
void Circle::Show() const                              //显示圆有关信息
{
    cout<<"半径:"<<radius<<"  ";                        //显示半径
    cout<<"周长:"<<2*PI*radius<<"  ";                   //显示周长
    cout<<"面积:"<<PI*radius*radius<<endl;              //显示面积
}

#endif
```

(3) 选择 File 菜单中的 New 选项,在弹出的 New 对话框中选择 Files 选项卡,选中 C/C++ Source Files 文件类型,在 File name 文本框中输入文件名 main.cpp,如图 B.53 所示,单击 OK 按钮将建立一个新文件。

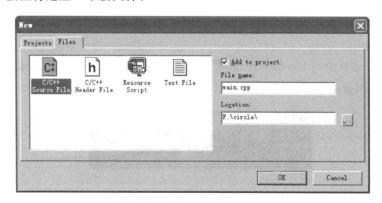

图 B.53 输入文件名 main.cpp

（4）在 MinGW Developer Studio 的集成开发环境中输入如下代码，如图 B.54 所示。

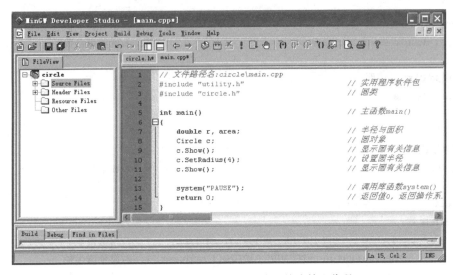

图 B.54　在 Dev-C++ 的集成开发环境中输入代码

```
//文件路径名:circle\main.cpp
# include "utility.h"                           //实用程序软件包
# include "circle.h"                            //圆类

int main()                                     //主函数 main()
{
    double r, area;                            //半径与面积
    Circle c;                                  //圆对象
    c.Show();                                  //显示圆有关信息
    c.SetRadius(4);                            //设置圆半径
    c.Show();                                  //显示圆有关信息

    system("PAUSE");                           //调用库函数 system()
    return 0;                                  //返回值 0, 返回操作系统
}
```

4. 运行程序

选择 Build 菜单中的 Execute 选项 `Execute...          Ctrl+F5`，或单击工具栏中
的 `!` 按钮，或按组合键 Ctrl＋F5，将开始运行程序，如图 B.55 所示。

图 B.55　程序运行界面

5. 打开已有工程

启动 MinGW Developer Studio,选择 File 菜单的 New 选项,在弹出的对话框中的"文件类型"中选择 MinGWStudio Project Files(* . msp)选项,对话框中部的列表框中选择工程文件名,如图 B. 56 所示。单击"打开"按钮即可打开已有项目。

图 B. 56　选择需要打开的项目文件(护展名为 msp)

参考文献

[1] SCHILDT H. C++编程艺术[M]. 曹蓉蓉，刘小荷，译. 北京：清华大学出版社，2005.

[2] ADAMS J, NYHOFF L. C++现代大学教程[M]. 3版. 陈志刚，等译. 北京：清华大学出版社，2005.

[3] OVERLAND B. C++语言命令详解[M]. 2版. 董梁，李君成，李自更，等译. 北京：电子工业出版社，2003.

[4] STEVENS A I. C++大学自学程程[M]. 7版. 林瑶，蒋晓红，等译. 北京：电子工业出版社，2004.

[5] SHIFLET A B, NAGIN P A. C++程序设计(含选读内容和实验指导)[M]. 夏兆彦，孙岩，等译. 北京：清华大学出版社，2004.

[6] MALIK D S. C++基础教程——从问题分析到程序设计[M]. 2版. 曹蓉蓉，宋美娜，译. 北京：清华大学出版社，2006.

[7] JOHNSTON B. 现代C++程序设计[M]. 曾葆青，丁晓非，等译. 北京：清华大学出版社，2005.

[8] SAVITCH W. C++面向对象程序设计[M]. 5版. 周靖，译. 北京：清华大学出版社，2006.

[9] D'ORAZIO T B. C++课堂教学编程演练——科学与工程问题应用[M]. 侯普秀，冯飞，译. 北京：清华大学出版社，2004.

[10] DEITEL H M, DEITEL P J. C++大学教程[M]. 张引，等译. 北京：电子工业出版社，2008.

[11] DEWHURST S C. C++程序设计阱[M]. 陈君，等译. 北京：中国青年出版社，2003.

[12] 李涛，游洪跃，陈良银，等. C++：面向对象程序设计[M]. 北京：高等教育出版社，2005.

[13] 谭浩强. C++面向对象程序设计[M]. 北京：清华大学出版社，2006.

[14] 谭浩强. C++程序设计[M]. 北京：清华大学出版社，2008.

[15] 钱能. C++程序设计教程[M]. 2版. 北京：清华大学出版社，2008.

[16] 陈龙. 21天学通C++[M]. 北京：电子工业出版社，2009.

[17] 陈文宇. 面向对象程序设计语言C++[M]. 北京：电子工业出版社，2005.

[18] 陈维兴，林小茶. C++面向对象程序设计教程[M]. 2版. 北京：清华大学出版社，2007.

[19] 钱丽萍，郝莹. 面向对象程序设计C++版[M]. 北京：机械工业出版社，2007.

[20] 肖霞. C++程序设计及实训教程[M]. 北京：清华大学出版社，2007.

[21] 朱立华，朱建，俞琼. 面向对象程序设计及C++[M]. 北京：人民邮电出版社，2009.

[22] 林税，韩永泉. 高质量程序设计指南——C++ /C语言[M]. 北京：电子工业出版社，2008.

[23] 刘振安. 面向对象程序设计C++版[M]. 北京：机械工业出版社，2006.

[24] 游洪跃，伍良富，王景熙. C++面向对象程序设计实验和课程设计教程[M]. 北京：清华大学出版社，2009.

读者意见反馈

亲爱的读者：

感谢您一直以来对清华版计算机教材的支持和爱护。为了今后为您提供更优秀的教材，请您抽出宝贵的时间来填写下面的意见反馈表，以便我们更好地对本教材做进一步改进。同时如果您在使用本教材的过程中遇到了什么问题，或者有什么好的建议，也请您来信告诉我们。

地址：北京市海淀区双清路学研大厦 A 座 602 室 计算机与信息分社营销室 收

邮编：100084　　　　　　　　　电子邮件：jsjjc@tup.tsinghua.edu.cn

电话：010-62770175-4608/4409　　邮购电话：010-62786544

教材名称：C++面向对象程序设计教程

ISBN：978-7-302-22058-9

个人资料

姓名：＿＿＿＿＿＿＿　年龄：＿＿＿＿＿　所在院校/专业：＿＿＿＿＿＿＿＿＿＿

文化程度：＿＿＿＿＿＿　通信地址：＿＿＿＿＿＿＿＿＿＿＿＿＿＿＿＿＿＿＿

联系电话：＿＿＿＿＿＿　电子信箱：＿＿＿＿＿＿＿＿＿＿＿＿＿＿＿＿＿＿＿

您使用本书是作为： □指定教材 □选用教材 □辅导教材 □自学教材

您对本书封面设计的满意度：

□很满意 □满意 □一般 □不满意　改进建议＿＿＿＿＿＿＿＿＿＿＿＿＿＿＿

您对本书印刷质量的满意度：

□很满意 □满意 □一般 □不满意　改进建议＿＿＿＿＿＿＿＿＿＿＿＿＿＿＿

您对本书的总体满意度：

从语言质量角度看 □很满意 □满意 □一般 □不满意

从科技含量角度看 □很满意 □满意 □一般 □不满意

本书最令您满意的是：

□指导明确 □内容充实 □讲解详尽 □实例丰富

您认为本书在哪些地方应进行修改？（可附页）

＿＿＿＿＿＿＿＿＿＿＿＿＿＿＿＿＿＿＿＿＿＿＿＿＿＿＿＿＿＿＿＿＿＿＿＿＿＿

＿＿＿＿＿＿＿＿＿＿＿＿＿＿＿＿＿＿＿＿＿＿＿＿＿＿＿＿＿＿＿＿＿＿＿＿＿＿

您希望本书在哪些方面应进行改进？（可附页）

＿＿＿＿＿＿＿＿＿＿＿＿＿＿＿＿＿＿＿＿＿＿＿＿＿＿＿＿＿＿＿＿＿＿＿＿＿＿

＿＿＿＿＿＿＿＿＿＿＿＿＿＿＿＿＿＿＿＿＿＿＿＿＿＿＿＿＿＿＿＿＿＿＿＿＿＿

电子教案支持

敬爱的教师：

为了配合本课程的教学需要，本教材配有配套的电子教案（素材），有需求的教师可以与我们联系，我们将向使用本教材进行教学的教师免费赠送电子教案（素材），希望有助于教学活动的开展。相关信息请拨打电话 010-62776969 或发送电子邮件至 jsjjc@tup.tsinghua.edu.cn 咨询，也可以到清华大学出版社主页（http://www.tup.com.cn 或 http://www.tup.tsinghua.edu.cn）上查询。